BEI GRIN MACHT SICH IHR WISSEN BEZAHLT

- Wir veröffentlichen Ihre Hausarbeit,
  Bachelor- und Masterarbeit

- Ihr eigenes eBook und Buch -
  weltweit in allen wichtigen Shops

- Verdienen Sie an jedem Verkauf

Jetzt bei www.GRIN.com hochladen und kostenlos publizieren

GRIN ☺

Dominik Fischbacher

Aus der Reihe: e-fellows.net stipendiaten-wissen

e-fellows.net (Hrsg.)

Band 603

Statistische Verfahren zur Wahlhochrechnung

Hochrechnungen der Bundestagswahlen 2009 und 2005 mit realen Wählerstimmen

GRIN Verlag

Bibliografische Information der Deutschen Nationalbibliothek:

Die Deutsche Bibliothek verzeichnet diese Publikation in der Deutschen National-
bibliografie; detaillierte bibliografische Daten sind im Internet über http://dnb.d-
nb.de/ abrufbar.

Impressum:

Copyright © 2011 GRIN Verlag GmbH
Druck und Bindung: Books on Demand GmbH, Norderstedt Germany
ISBN: 978-3-656-33490-3

Dieses Buch bei GRIN:

http://www.grin.com/de/e-book/202764/statistische-verfahren-zur-wahlhochrech-
nung

GRIN - Your knowledge has value

Ernst-Mach-Gymnasium Haar
Kollegiatenjahrgang 2009/2011

Facharbeit aus der Mathematik

Thema: Statistische Verfahren zur Wahlhochrechnung

Verfasser:	Dominik Fischbacher
Leistungskurs:	Mathematik

Inhaltsverzeichnis

1 Einleitung[1]

Was wäre eine Wahl ohne Wahlprognosen und Wahlhochrechnungen? In Deutschland sind die Wahlprognosen und Hochrechnungen nicht mehr wegzudenken, denn sie dienen nicht nur dem Wähler als Informationsquelle, sondern es profitieren auch die einzelnen Parteien davon. Oftmals geben die einzelnen Parteien selbst Prognosen und Meinungsforschungen bei renommierten Instituten in Auftrag, um ihren Wahlkampf und das daraus resultierende Ergebnis zu optimieren. Aber nicht nur Parteien sind die großen Auftraggeber der Meinungsforschungsinstitute, auch TV Sender wie z. B. die ARD, die ihre Daten von „Infratest-dimap" erhalten, das ZDF, das auf die eigens finanzierte „Forschungsgruppe Wahlen" zurückgreift, oder auch die Frankfurter Allgemeine, die mit dem „Institut für Demoskopie Allensbach", dem ältesten Meinungsforschungsinstitut Deutschlands, zusammenarbeitet, spielen eine wichtige Rolle, wenn es um das Thema Wahlen geht. Für die Wähler und Parteien wird es vor allem am Wahlabend spannend, genauer gesagt um 18:00 Uhr, wenn die ersten Prognosen der einzelnen Institute im Fernsehen präsentiert werden. Jeder Wähler weiß, dass diese ersten Prognosen bereits relativ genau sind, oftmals lassen sie auch schon die Gewinner und Verlierer einer Wahl erahnen. Gegen 18:30 Uhr treffen schließlich die ersten Hochrechnungen ein, die sich meistens nur noch in der Nachkommastelle vom endgültigen Ergebnis unterscheiden. Die wenigsten Wähler aber wissen, wie solch eine Hochrechnung eigentlich funktioniert, welche mathematischen Verfahren und Vorgehensweisen hinter einer Hochrechnung stehen.

Ziele der Arbeit sind die Grundlagen zur Hochrechnung von Wahlergebnissen darzustellen und die erzielbare Vorhersagegenauigkeit an einem realen Beispiel zu untersuchen.

Bevor nun das mathematische Vorgehen bei einer Wahlhochrechnung erläutert wird, erfolgt eine Abgrenzung zwischen Wahlprognose und Wahlhochrechnung.

---

[1] Vgl. [SCHL02] , [WELT10]

2 Abgrenzung Wahlprognose und Wahlhochrechnung

Die Tradition der Meinungsforschung begann in Deutschland schon im 18. Jahrhundert, als man die erste Umfrage mühsam methodisch entwickelte. Der Pionier der Sozialforschung, Paul Lazarsfeld, beschrieb die ersten Erforschungen von Meinungen in Deutschland jedoch als recht bescheiden. Ende des 19. und anfangs des 20. Jahrhunderts waren Bevölkerungsumfragen in Vergessenheit geraten. Dies änderte sich allerdings nach 1945 sehr schnell. Einen wichtigen Beitrag dazu leistete der amerikanische Meinungsforscher Dr. George Gallup, als er bei der amerikanischen Präsidentschaftswahl 1948 mit seiner Prognose Aufsehen erregte. Er sagte Thomas E. Dewey als Gewinner der Wahl voraus, dieser wurde schon vor der Wahl groß gefeiert, verlor bei der Wahl jedoch gegen Harry S. Truman.

In Deutschland hielt man Umfragen für eine amerikanische Erfindung und dachte, es wäre eine Modeerscheinung, dass nun in den Zeitungen, im Radio und im Fernsehen Umfragen veröffentlicht werden. Die ersten Wahlprognosen fanden 1949 zur ersten deutschen Bundestagswahl statt. Heute sind sie elementarer Bestandteil deutscher Bundestags- und Landtagswahlen. Mit Wahlprognosen versucht man von einer kleinen Gruppe an Befragten auf die Gesamtheit der Wähler zu schließen, und somit das Wahlergebnis vorauszusagen. Wahlprognosen finden in der Regel einige Wochen bis wenige Tage vor der Wahl statt. Am Wahltag selbst ist es per Gesetz verboten vor Schließung der Wahllokale Prognosen zu veröffentlichen. Die Schwierigkeit besteht allerdings zum einen darin, dass eine repräsentative Gruppe befragt werden muss. Zum anderen handelt es sich bei Daten zu Wahlen um so genannte weiche Daten, aufgrund der Einstellungen und Meinungen der Befragten. Deren Meinungen können sich jederzeit ändern, sie können aber auch die Meinung ganz verweigern, oder eine falsche Aussage machen. Diese Faktoren können das vorausgesagte Wahlergebnis beeinflussen. Die berühmte 18:00 Uhr Prognose unmittelbar nach Schließung der Wahllokale beruht auf der Befragung der Wähler zu ihrem Wahlverhalten nach Abgabe ihres Stimmzettels. Dazu werden Daten wie Alter, Einkommen und Wahlverhalten bei der aktuellen und der vorherigen Wahl erfasst.

Das Thema der Facharbeit befasst sich mit der Wahlhochrechnung. Diese beruht auf bereits ausgezählten Stimmen. Bei diesen so genannten Teilergebnissen werden abhängig vom mathematischen Verfahren teilweise zwei Bestandsaufnahmen durchgeführt, nämlich zum einen die aktuelle Wahlentscheidung und zum anderen die Wahlentscheidung bei einer vergleichbaren Wahl. Somit lässt sich dann durch die Verschiebung der einzelnen Wählerschichten zur Vorwahl ein Ergebnis hochrechnen. Die Grundlagen zu den Verfahren, ihre Vor- und Nachteile werden im Folgenden erläutert.

3 Statistische Methoden zur Wahlhochrechnung

Im Wesentlichen kommen drei statistische Methoden für die Hochrechnung des Endergebnisses einer Wahl auf Basis eines bereits vorliegenden Teilergebnisses in Frage. Dazu zählen das Stichprobenverfahren, die Trendschätzung und die Regressionsschätzung. Jedes einzelne Verfahren hat seine Vor- und Nachteile gegenüber den anderen beiden.

Von den Wahlforschungsinstituten in Deutschland wird hauptsächlich die Regressionsschätzung verwendet. Dieses ist das präziseste und zugleich auch aufwändigste Verfahren, um die Endergebnisse einer Wahl auch bei nur einer geringen Anzahl an bereits ausgezählten Stimmen vorherzusagen. [2]

Deshalb stellt die Regressionsschätzung den wesentlichen Schwerpunkt der Arbeit dar. Die beiden anderen Verfahren werden kurz erklärt.

3.1 Stichprobenverfahren[3]

Die Hochrechnung mit dem Stichprobenverfahren ist eine sehr einfache Methode Wahlergebnisse vorherzusagen. Hierfür benötigt man lediglich die Ergebnisse der bereits ausgezählten Wahlbezirke. Die ausgezählten Wahlbezirke stellen eine Stichprobe dar. Der relative Stimmenanteil der Stichprobe wird als Schätzwert für das Endergebnis einer Partei verwendet. Dieser relative Stimmenanteil wird aus dem Quotienten der Stimmen, die eine Partei erhält, und der Gesamtanzahl der gültigen Stimmen gebildet. Dies führt zu folgender Formel:

$$\bar{x} = \sum_{i=1}^{n} \frac{x_i}{X} = \frac{x_1 + x_2 \ldots + x_n}{X}$$

$\bar{x}$: Ergebnis einer Partei
x_i : Stimmen für eine Partei im ausgezählten Wahlbezirk i
X : Summe aller Stimmen der ausgezählten Wahlbezirke

Bei der Anwendung des Stichprobenverfahrens ist zu beachten, dass die Stichproben zufällig ausgewählt werden müssen. Dies ist in der Realität meist nicht der Fall, da kleine Wahlbezirke deutlich früher ausgezählt sind und es sich dabei oftmals auch um Hochburgen handelt. Denn kleine Wahlbezirke bestehen meist aus einer homogenen Wählerschaft. Kommt das Stichprobenverfahren bei den Wahlforschungsinstituten zum Einsatz, fließen nur die Wahlbezirke in die Hochrechnung mit ein, die einen Stichprobencharakter haben. Der Vorteil des Stichproben-

---

[2] Vgl. [SCHR10]
[3] Vgl. [KEPL04]

verfahrens besteht darin, dass keine Daten aus Vorwahlen bekannt sein müssen, um eine Hochrechnung durchzuführen.

3.2 Trendschätzung[4]

Im Gegensatz zu dem Stichprobenverfahren werden für die Trendschätzung nicht nur die Daten der aktuellen Wahl, sondern auch die der vorausgegangen Wahl benötigt. Diese Wahl wird Vergleichswahl genannt. Für die Anwendung der Trendschätzung müssen die Anzahl der gültigen Stimmen und die jeweilige Verteilung der Stimmen auf die einzelnen Parteien sowohl für die aktuelle Wahl als auch für die Vergleichswahl je Wahlbezirk bekannt sein.

Somit erfolgt die Bestimmung des hochgerechneten prozentualen Ergebnisses einer Partei gemäß folgender Formel:

$$P_A = P_V + \frac{\sum\limits_{i=1}^{n} p_i \cdot G_i}{\sum\limits_{i=1}^{n} G_i}$$

P_A: hochgerechnetes prozentuales Ergebnis einer Partei
P_V: prozentuales Ergebnis einer Partei bei der Vergleichswahl
p_i : prozentuale relative Abweichung einer Partei im i. Wahlbezirk zur Vergleichswahl
G_i: Anzahl der gültigen Stimmen im i. Wahlbezirk
n : Anzahl der bereits ausgezählten Wahlbezirke

Die relative prozentuale Abweichung [p_i] im i. Wahlbezirk wird berechnet aus der Differenz des prozentualen Ergebnisses der aktuellen Wahl und der Vergleichswahl. Die Summe aus den Produkten $p_i \cdot G_i$ beschreibt den Verlust bzw. Gewinn an Stimmen einer Partei in den bereits ausgezählten Wahlbezirken. Dieser Verlust bzw. Gewinn wird durch die Summe der gültigen Stimmen der bereits ausgezählten Wahlbezirke geteilt. Somit erhält man die geschätzte prozentuale Veränderung einer Partei gegenüber der Vergleichswahl. Für die Hochrechnung des prozentualen Wahlergebnisses einer Partei wird nun zu dem prozentualen Ergebnis der Vergleichswahl die prozentuale Veränderung addiert.

Zur Erklärung des Verfahrens ist in Abbildung 1 ein anschauliches Zahlenbeispiel dargestellt. Es wird die Partei „Beispiel" betrachtet. Da es lediglich dem Verständnis dienen soll, werden nur 4 Wahlbezirke verwendet, die grau markierten Felder sind zum Zeitpunkt der Hochrechnung noch nicht bekannt. Für die Hochrechnung werden hier die Ergebnisse aus den ersten beiden Wahlbezirken verwendet, d. h. $n = 2$.

---

[4] Vgl. [KEPL04]

	Wahlbezirk	1	2	3	4
	gültige Stimmen	20	10	10	20
Partei Beispiel	Stimmen Vergleichswahl	10	6	5	12
	Stimmen in %	50%	60%	50%	60%
	Stimmen aktuelle Wahl	7	5	3	9
	Stimmen in %	35%	50%	30%	45%
	relative prozentuale Abweichung	-15%	-10%	-20%	-15%
	Ergebnis Vergleichswahl	55%			
	Ergebnis aktuelle Wahl	40%			

$$P_{A} = 55\% + \left(\frac{(35\% - 50\%) \cdot 20 + (50\% - 60\%) \cdot 10}{20 + 10} \right)\% = 55\% + \left(\frac{-15\% \cdot 20 + (-10\% \cdot 10)}{20 + 10} \right)\% =$$

$$55\% + \left(\frac{-3 + (-1)}{20 + 10} \right)\% = 55\% + \left(\frac{-4}{30} \right)\% = 55\% + (-13{,}3\%) = 41{,}7\%$$

Abbildung 1: Zahlenbeispiel Trendschätzung

3.3 Regressionsschätzung[5]

Die Regressionsanalyse dient zur Beschreibung von Zusammenhängen von metrischen Merk-malen mithilfe mathematischer Funktionen.[6] Bei der linearen Regressionsrechnung geht man von einem linearen Zusammenhang zwischen den Merkmalen aus. Die lineare Regressionsana-lyse stellt die Grundlage für die Regressionsschätzung zur Hochrechnung von Wahlergebnissen dar.

3.3.1 Lineare Einfachregression

Die lineare Einfachregression ist eine statistische Methode zur Untersuchung von Zusammen-hängen von zwei metrischen Merkmalen statistischer Einheiten. Wird zum Beispiel der Zu-sammenhang zwischen Einkommen und Ausgaben für Konsum untersucht, betrachtet man den Haushalt als statistische Einheit und das Einkommen sowie die Ausgaben für Konsum als Merkmale.[7] Diese zu einer statistischen Einheit gehörenden Merkmale werden als Zahlenpaa-re interpretiert. Somit sind z. B. das Einkommen der x-Wert und die Ausgaben der y-Wert ei-nes jeweiligen Haushalts. Gemäß Abbildung 2 können die Zahlenpaare aller Haushalte in ei-nem Koordinatensystem dargestellt werden. Es liegt dann ein so genanntes Streudiagramm vor.

---

[5] Vgl. [KRÖP99], [WELL10]
[6] Vgl. [SAUE00]
[7] Vgl. [DULL07]

Betrachtet man nun für einen Wahlbezirk die Ergebnisse einer Vergleichswahl und der aktuellen Wahl einer bestimmten Partei als Merkmale einer statistischen Einheit, liegen wiederum Zahlenpaare vor, die sich in einem Streudiagramm darstellen lassen.

Die Abbildung 2 zeigt am Beispiel der CSU für 150 Wahlbezirke der Stadt München das Streudiagramm für die Bundestagswahlen 2005 und 2009. Das Ergebnis der Vergleichswahl ist die x-Koordinate und das Ergebnis der aktuellen Wahl die y-Koordinate des jeweiligen Wahlbezirks.

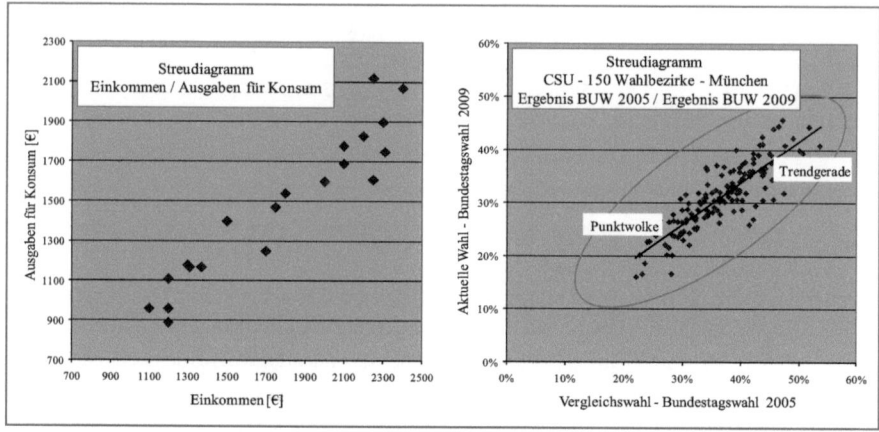

Abbildung 2: Streudiagramme

Mithilfe des Streudiagramms kann man in der Regel qualitativ einen möglichen Zusammenhang erkennen. Die im Streudiagramm dargestellten Punkte werden als Punktewolke bezeichnet. Für die ausgewählten Beispiele erkennt man einen Zusammenhang zwischen den Punkten, der sich näherungsweise mit einer Geraden beschreiben lässt.

Die lineare Regressionsrechnung bestimmt eine Trendgerade zur mathematischen Beschreibung des Zusammenhanges zwischen den Merkmalen. Diese Trendgerade kann nun genutzt werden, um mithilfe von Wahlergebnissen bereits ausgezählter Wahlbezirke und Ergebnisse einer Vergleichswahl auf das Ergebnis der noch nicht ausgezählten Wahlbezirke hochzurechnen.

Zur Bestimmung einer Geraden, die den Trend einer Punktwolke beschreibt, muss die mathematische Eigenschaft dieser Gerade definiert werden. Bei der Festlegung der Eigenschaft ist das Ziel, dass die Streupunkte einen sehr geringen Abstand zur Trendgerade haben. Im Allgemeinen kämen mehre Abstandsdefinitionen in Frage.

Zum Beispiel könnte man den Normalabstand oder auch den Abstandsbetrag in einer Koordinatenrichtung der Punkte zur Gerade heranziehen, wie es in Abbildung 3 dargestellt wird. Diese Definitionen gelten allerdings für die Bestimmung einer Trendgerade als rechentechnisch sehr schwierig.

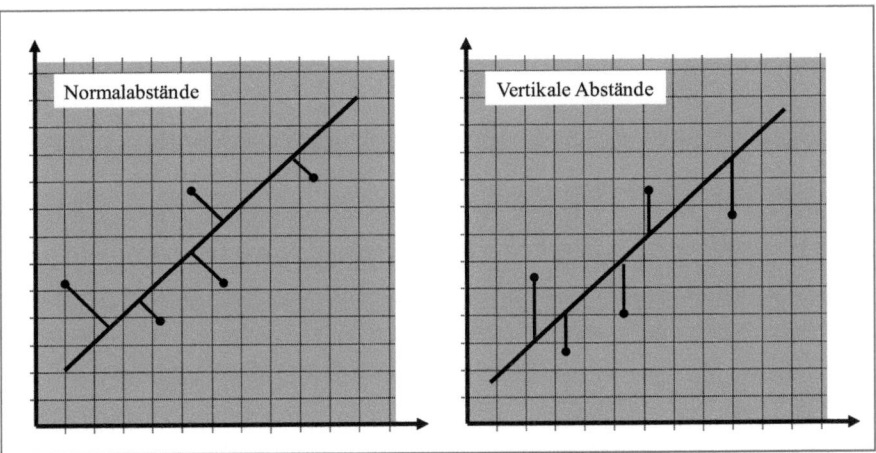

Abbildung 3: Normalabstände und vertikale Abstände zur Trendgerade[8]

Deshalb hat sich die Methode der kleinsten Quadrate durchgesetzt. Hier wird der Abstand eines Streupunktes zur Gerade in einer Koordinatenrichtung bestimmt und quadriert, danach bildet man die Summe der Quadratabstände über alle Streupunkte und definiert als mathematische Eigenschaft für die Trendgerade, dass die Summe dieser Quadratabstände minimal sein muss. Bei der linearen Regressionsrechnung wird dies sowohl für die vertikalen Quadratabstände, als auch für die horizontalen Quadratabstände durchgeführt. Eine detaillierte Erläuterung erfolgt mithilfe der Abbildung 4 nun am Beispiel der vertikalen Quadratabstände und somit für die Bestimmung der 1. Regressionsgeraden.

Die gesuchte Gerade, die Trendgerade oder auch 1. Regressionsgerade genannt wird, lautet:

$$Y = aX + b$$

Hierbei stellt a die Steigung und b den Achsenabschnitt der gesuchten Gerade dar. Die Koordinatenwerte x_i und y_i der n Streupunkte P_i sind gegeben. Der jeweils vertikal auf die Gerade projizierte Punkt wird durch die Koordinaten X_i und Y_i beschrieben.

---

[8]Vgl. [KRÖP99]

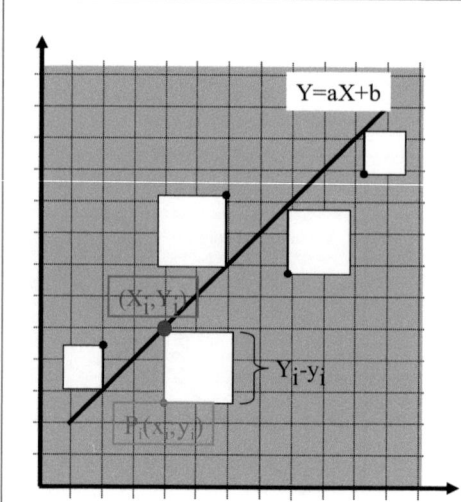

Abstand $P_i(x_i,y_i)$ in vertikaler Richtung zur Geraden:

$$Y_i - y_i = aX_i + b - y_i$$

$$= ax_i + b - y_i$$

Summe der Quadratabstände aller n Punkte:

$$\sum_{i=1}^{n} (ax_i + b - y_i)^2$$

$$i = 1, 2, \ldots, n$$

Abbildung 4: Quadratabstände in vertikaler Richtung[9]

Bestimmt man nun den Abstand eines Streupunktes in vertikaler Richtung zur gesuchten Geraden, ergibt sich dieser aus der Differenz $Y_i - y_i$. Die Bestimmung des Punktes Y_i erfolgt mithilfe der Geradengleichung $Y_i = aX_i + b$. Aufgrund der vertikalen Projektion des Punktes gilt $X_i = x_i$. Das Ergebnis des vertikalen Abstandes des Punktes P_i ist somit $Y_i - y_i = ax_i + b - y_i$.

Nun wird die Summe aller Quadratabstände von $i = 1$ bis n gebildet. In diesem Summenterm sind die Koeffizienten a und b unbekannt, die Punktkoordinaten x_i und y_i sind gegeben und somit bekannt. Diese Summe stellt eine Funktion mit zwei Variablen dar.

Gemäß der Definition, dass die Summe der Quadratabstände minimal sein soll, gilt es nun für diese Funktion das Minimum zu suchen. Bei einer Funktion mit einer Variablen wird gemäß der Methoden der Infinitesimalrechnung die 1. und 2. Ableitungsfunktion gebildet. Für die Suche eines Minimums wird die 1. Ableitungsfunktion gleich null gesetzt. Es entsteht somit eine Gleichung, die, falls ein Extremum vorliegt, auch gelöst werden kann. Anschließend ist noch nachzuweisen, dass an der Stelle des Extremums die 2. Ableitungsfunktion größer null ist, und somit ein Minimum vorliegt.

Hier liegt allerdings eine Funktion mit zwei Variablen vor, das heißt die Funktion hat einen dreidimensionalen Verlauf. Bei der Suche nach einem Extremum wird bei Funktionen mit mehreren Variablen partiell nach einer Variablen abgeleitet. In der Durchführung bedeutet partielles Ableiten, dass die Funktion nach einer Variablen abgeleitet wird und die anderen Vari-

---

[9]Vgl. [KRÖP99]

ablen als konstant betrachtet werden. Dies wird jeweils für beide Variablen durchgeführt. Bei der vorliegenden Problemstellung muss also die Funktion partiell nach a und nach b abgeleitet werden. Bei Vorliegen eines Extremums, gilt auch hier wie im zweidimensionalen Fall, dass die Ableitungsfunktionen an der Stelle des Extremums den Wert 0 annehmen. Die zwei Ableitungsfunktionen werden also gleich null gesetzt. Man erhält somit ein Gleichungssystem mit zwei Gleichungen und den zwei Unbekannten a und b. Dieses Gleichungssystem kann für die vorliegende Aufgabenstellung auch eindeutig gelöst werden und führt zu folgenden Formeln.

$$Y = aX + b \qquad a = \frac{n \cdot \sum\limits_{i=1}^{n} x_i y_i - \sum\limits_{i=i}^{n} x_i \sum\limits_{i=1}^{n} y_i}{n \cdot \sum\limits_{i=1}^{n} x_i^{\,2} - \left(\sum\limits_{i=1}^{n} x_i \right)^2} \qquad b = \frac{\sum\limits_{i=1}^{n} y_i}{n} - a \cdot \frac{\sum\limits_{i=1}^{n} x_i}{n}$$

Es ist nun noch nachzuweisen, dass die Lösung tatsächlich ein Minimum und nicht ein Maximum bzw. einen Sattelpunkt darstellt.[10] Hierzu erfolgen weitere Ableitungen. Prinzipiell geht man hier ähnlich vor wie im zweidimensionalen Fall, da es sich hier um Inhalte handelt, die über den Lehrstoff des Mathematik Leistungskurses hinausgehen, wird auf den Nachweis verzichtet. Die Herleitung für die Koeffizienten a und b ist im Anhang in Abbildung 13 dargestellt.

Mit Bestimmung der Koeffizienten a und b ist also die 1. Regressionsgerade bekannt. Für die Wahlhochrechnung beschreibt die 1. Regressionsgerade den Trend für die aktuelle Wahl in Abhängigkeit der Wahlergebnisse der Vorwahl.

Die Vorgehensweise wird nun an einem Zahlenbeispiel gemäß Abbildung 5 erläutert. Die Ergebnisse in den grau markierten Feldern sind zu dem Zeitpunkt der Hochrechnung noch nicht bekannt. Auf Basis der vier bereits ausgezählten Wahlbezirke wird die 1. Regressionsgerade berechnet. Anschließend werden für X die Ergebnisse der Partei „Beispiel" bei der Vergleichswahl aus den Wahlbezirken 5-10 in die Geradengleichung eingesetzt. Setzt man zum Beispiel für den fünften Wahlbezirk die 55%, die bei der Vergleichswahl erzielt wurden, in die Geradengleichung ein, erhält man $Y = 0{,}717 \cdot 55\% + 0{,}1171\% = 51{,}1\%$ als hochgerechnetes Ergebnis für den Stimmenanteil der Partei „Beispiel" im fünften Wahlbezirk. Dies wird nun für alle noch nicht ausgezählten Wahlbezirke durchgeführt. Im nächsten Schritt werden die hochgerechneten Stimmenanteile auf die absoluten Stimmen im jeweiligen Wahlbezirk umgerechnet. Das hochgerechnete Gesamtergebnis erhält man, indem man die Summe der Stimmen der

---

[10]Vgl. [GOHO07]

ausgezählten und hochgerechneten Wahlbezirke einer Partei durch die Gesamtanzahl der gültigen Stimmen teilt.

Wahlbezirk	1	2	3	4	5	6	7	8	9	10
gültige Stimmen	100	250	150	200	100	250	200	150	300	100
Summe der gültigen Stimmen	1800									
Wahlergebnisse der Partei "Beispiel"										
Stimmen Vergleichswahl	55	125	85	120	55	150	100	80	150	60
Stimmen [%]	55%	50%	57%	60%	55%	60%	50%	53%	50%	60%
Stimmen aktuelle Wahl	50	120	79	110	50	135	90	75	140	55
Stimmen [%]	50%	48%	53%	55%	50%	54%	45%	50%	47%	55%
Ergebnis aktuelle Wahl	50,2%									
Hochrechnung für die Partei "Beispiel"										
Berechnung der 1. Regressionsgeraden										

$$a=\frac{4\cdot\left[(55\%\cdot50\%)+(50\%\cdot48\%)+(57\%\cdot53\%)+(60\%\cdot55\%)\right]-\left[(55\%+50\%+57\%+60\%)\cdot(50\%+48\%+53\%+55\%)\right]}{4\cdot\left(55\%^2+50\%^2+57\%^2+60\%^2\right)-\left(55\%+50\%+57\%+60\%\right)^2}=0{,}717$$

$$b=\frac{50\%+48\%+53\%+55\%}{4}-0{,}717\cdot\frac{55\%+50\%+57\%+60\%}{4}=0{,}1171\ \%$$

Regressionsgerade	Y=0,717X+0,1171%									
hochgerechnete Stimmen [%]					51,1%	54,7%	47,6%	49,9%	47,6%	54,7%
Hochrechnung Stimmen					51	137	95	75	143	55
Summe der Stimmen in den ausgezählten Wahlbezirken	359									
Summe der Stimmen in den hochgerechneten Wahlbez.					555					
Summe Stimmen ausgezählte & hochgerechnete Wahlbez.	914									
hochgerechnetes Ergebnis	= (914:1800)*100% = 50,8%									

Abbildung 5: Zahlenbeispiel Regressionsschätzung

Hinweis: Die Bestimmung der Wahlbeteiligung bzw. des Anteils der Nichtwähler sind Bestandteil der Hochrechnung. Der Einfachheit halber wurde in diesem Zahlenbeispiel angenommen, dass die Anzahl der gültigen Stimmen je Wahlbezirk bei der Vergleichswahl und der aktuellen Wahl konstant ist.

Bei der beschriebenen Vorgehensweise mithilfe der linearen Einfachregression wird ausschließlich ein Zusammenhang des Wahlergebnisses für eine Partei aus Vergleichswahl und aktueller Wahl betrachtet.

3.3.2 Lineare Mehrfachregression

Häufig sind Größen und im speziellen das Wahlergebnis von mehreren Einflüssen abhängig. Somit ergibt sich ein Zusammenhang zwischen mehreren Merkmalen. Man spricht dann von einem multivarianten Fall. Beim multivarianten Fall wird für die Beschreibung des Zusammenhanges die Mehrfachregression (multiple Regression) angewandt.[11]

Wähler, die bei der aktuellen Wahl ihr Stimmverhalten gegenüber der Vorwahl ändern, führen das in der Regel gezielt durch. Zum Beispiel führt eine Politik-/Parteiverdrossenheit zu einer reduzierten Wahlbeteiligung. Somit werden Wähler einer Partei bei der nächsten Wahl Nichtwähler. Oder unzufriedene Wähler der Regierungspartei entscheiden sich bei der nächsten Wahl gezielt für eine Oppositionspartei. Damit eine Wunschkoalition zustande kommt, neigen manche Wähler dazu ihre Stimme einer kleineren Partei zu „leihen". Man spricht dann von Leihstimmen. Natürlich erreichen auch Wahlprogramme der Parteien, dass gezielt bestimmte Wähler von einer Partei zur anderen abwandern. Das Wahlergebnis für eine Partei ist dementsprechend von mehreren Einflussfaktoren abhängig. Somit ergeben sich Wählerströme, die bei den Hochrechnungen der renommierten Wahlinstitute in den mathematischen Modellen abgebildet werden.

Die Grundlage bildet hierfür die Methode der linearen Mehrfachregression. Hier wird in der Modellrechnung angenommen, dass diejenigen Wähler, die bei der Vorwahl eine bestimmte Partei gewählt haben, sich nun linear auf alle kandidierenden Parteien der aktuellen Wahl und der Gruppe der Nichtwähler verteilen.[12]

Im Falle von k unabhängigen Variablen (k = Anzahl der Parteien für das Beispiel der Wahlhochrechnung) wird als lineare Regressionsfunktion folgende Funktionsgleichung gewählt:[13]

$$Y_i = b_0 + b_1 \cdot X_{1i} + b_2 \cdot X_{2i} + ... + b_k \cdot X_{ki}$$

Y stellt den für die aktuelle Wahl hochgerechneten Stimmenanteil einer ausgewählten Partei in Abhängigkeit der Vorwahlergebnisse aller Parteien dar. Die Lösung für die Bestimmung der Koeffizienten ist weitaus schwieriger als im Falle der linearen Einfachregression, deshalb wird dieser Ansatz im Rahmen der Facharbeit nicht weiter verfolgt.

---

[11] Vgl. [SAUE00]
[12] Vgl. [NEUW93]
[13] Vgl. [SAUE00]

4 Beispiel: Wahlhochrechnung Bundestagswahl 2009 für München

An einem realistischen Beispiel sollen nun die drei grundlegenden statistischen Verfahren zur Hochrechnung angewandt und die Vorhersagegenauigkeit beurteilt werden. Die Durchführung der Hochrechnung erfolgt mit Excel. Hierfür wurden für die Bundestagswahl 2009 die Wahlbezirke der Stadt München ausgewählt. Die Bundestagswahl 2009 wird als aktuelle Wahl betrachtet. Die Wahl zum Bundestag 2005 ist somit die Vergleichswahl.

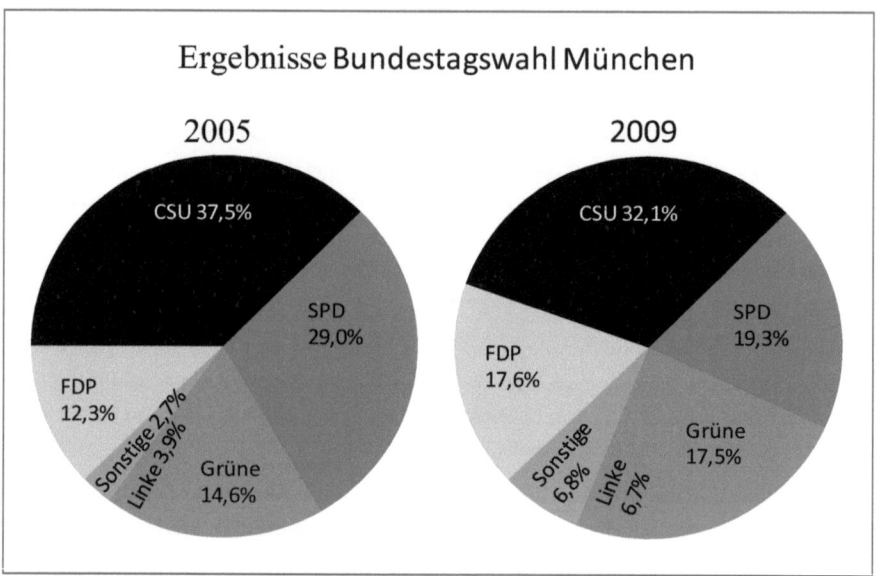

Abbildung 6: Ergebnisse der Bundestagswahl 2005 und 2009 für München[14]

4.1 Vorbereitung der Hochrechnung

Die vollständigen Daten der Wahlergebnisse für beide Wahlen aller Münchner Wahlbezirke wurden vom Kreisverwaltungsreferat München zur Verfügung gestellt.[15]

Die Analyse dieser Daten zeigt: München wurde für die Wahl 2009 in 4 Wahlkreise mit insgesamt 900 Wahlbezirken eingeteilt. Bei der Wahl 2005 waren es insgesamt nur 836 Wahlbezirke, davon wurden 7 Wahlbezirke für die Wahl 2009 aufgelöst und auf andere Wahlbezirke verteilt. Das bedeutet in der Konsequenz, dass teilweise neue Wahlbezirke hinzukamen und

---

[14] Vgl. [KVRM10a], [KVRM10b]
[15] Vgl. [KVRM10c]

Wahlbezirke neu eingeteilt wurden. Es liegen bei der Wahl 2009 somit zusätzlich 71 neue Wahlbezirke vor.

Für die Durchführung einer beispielhaften Hochrechnung werden die neuen Wahlbezirke separiert. Für diese Wahlbezirke besteht nun das Problem, dass keine Ergebnisse für die Wahl 2005 vorliegen. Deshalb werden diese Ergebnisse geschätzt. Als Schätzwert für das Wahlergebnis des Wahlbezirks wurde für jede Partei der Mittelwert des Stimmenanteils der Wahl 2005 des jeweiligen Wahlkreises verwendet.[16]

Hochgerechnet wird das Ergebnis für alle im Bundestag vertretenen Parteien. Die nicht im Bundestag vertretenen Parteien werden in der Gruppe „Sonstige" zusammengefasst. Eine Hochrechnung für die Nichtwähler wird nicht durchgeführt. Deshalb fließt in die Hochrechnung der Wahlergebnisse die Anzahl der gültigen Stimmen der Wahl 2009 ein.

Die aufbereiteten Daten werden für die Hochrechnung in Tabellenblatt „Hochrechnung 9 Wahlbezirke" zusammengestellt. Zeile für Zeile werden für die 900 Wahlbezirke die abgegebenen gültigen Stimmen und jeweils der relative Stimmenanteil für die Parteien der Wahlen 2009 und 2005 gelistet. Die Daten für die neuen Wahlbezirke stehen separat am Ende des Tabellenblatts.

In der Praxis erfolgt die Hochrechnung mit den Ergebnissen der zuerst ausgezählten Wahlbezirke. Für die beispielhafte Rechnung werden diese zufällig ausgewählt. Hierfür wird bei jedem Rechenlauf den Wahlbezirken eine Zufallszahl zugeordnet und die Wahlbezirke entsprechend der Zufallszahl aufsteigend sortiert. Die in der Rangfolge am Anfang stehenden Wahlbezirke werden als ausgezählte Wahlbezirke verwendet. Die neuen Wahlbezirke werden von dem Sortierverfahren ausgeschlossen.

Für die Hochrechnung wird auch hier angenommen, dass die Anzahl der gültigen Stimmen je Wahlbezirk bei der Vergleichswahl und der aktuellen Wahl konstant ist.

4.2 Hochrechnung

Die Berechnung erfolgt nun für das Stichprobenverfahren, die Trendschätzung und die Regressionsschätzung.

Im Speziellen sei erwähnt, dass Excel die Trendfunktion für den zu ermittelnden Trendwert auf Basis der 1. Regressionsgerade anbietet. Die zu wählende Excel-Funktion lautet „Trend". In der Anwendung des Verfahrens Regressionsschätzung sind für die Bestimmung des Trendwertes, also der Hochrechnung des Stimmenanteils eines Wahlbezirkes, die Felder mit den Ergebnissen der aktuellen Wahl und der Vorwahl der ausgezählten Wahlbezirke sowie das Ergebnis

---

[16] Vgl.Tabellenblätter „BUW2005", „BUW2009", „Ergebnisse Wahlkreise BUW 2005" in Hochrechnung.xlsx

der Vorwahl des jeweiligen hochzurechnenden Wahlbezirkes anzugeben. Excel gibt dann den Trendwert, also das hochgerechnete Ergebnis für die jeweilige Partei des Wahlbezirks aus.

Durchgeführt werden jeweils 25 Hochrechnungen auf Basis von 1%, 10%, 25% und 50% zufällig ausgewählter Wahlbezirke, diese gelten als bereits ausgezählt. Das heißt, es fließen jeweils 9, 90, 225 bzw. 450 Wahlbezirke in die Hochrechnung mit ein.

Die Hochrechnung auf Basis von 1% Prozent erfolgt im Tabellenblatt „Hochrechnung 9 Wahlbezirke". In diesem Tabellenblatt werden auch die Vergabe einer Zufallszahl und die Sortierung der Wahlbezirke vorgenommen.

Die Tabellenblätter „Hochrechnung 90 Wahlbezirke", „Hochrechnung 225 Wahlbezirke" und „Hochrechnung 450 Wahlbezirke" dienen der Hochrechnung auf Basis von 10%, 25% und 50% ausgezählter Wahlbezirke. Die Tabellenblätter sind bezüglich der Wahlbezirksdaten mit dem Tabellenblatt „Hochrechnung 9 Wahlbezirke" verknüpft. Die Ergebnisse und die mit dem Zufallsverfahren ausgewählten Wahlbezirke sind im Tabellenblatt „Ergebnisse" hinterlegt. Die Ergebnisse und die Auswertung sind in den Abbildungen 7 und 8 dargestellt.[17]

Die Ergebnisse in den beiden Abbildungen zeigen, dass bei der Regressionsschätzung die Summe der Stimmenanteile von 100% abweicht. Im Gegensatz zu den beiden anderen Verfahren wird bei der Hochrechnung der Parteienergebnisse jedes Ergebnis ohne Bezug zur Summe der bereits ausgezählten Stimmen berechnet.

Für die Beurteilung der erzielten Ergebnisse werden Kennzahlen ermittelt und ein Vergleich mit dem Istergebnis der Wahl 2009 durchgeführt. Hierfür werden „arithmetischer Mittelwert", „kleinster hochgerechneter Wert x_{min}", „größter hochgerechneter Wert x_{max}" und die Streuungsmaße „mittlere absolute Abweichung (Mean Absolute Deviation)", „Standardabweichung s" und die „Spannweite R" bestimmt.

Diese Streuungsmaße liefern eine Aussage zur Streubreite der vorliegenden Werte für die Hochrechnungen. Die mittlere absolute Abweichung ist der Betrag, um den die Einzelergebnisse im Mittel vom Mittelwert der 25 Hochrechnungen abweichen.

Bei „normal" verteilten Daten gelten die so genannten s-Regeln. Das bedeutet, dass ca. zwei Drittel der Daten um höchstens $\pm s$, 95% der Daten höchstens um $\pm 2s$ und ca. 99% höchstens um $\pm 3s$ vom arithmetischen Mittel abweichen. Mithilfe der Standardabweichung kann man also Bereiche, in denen bei einer vorgegebenen Wahrscheinlichkeit Daten zu erwarten sind, angeben.[18]

---

[17] Vgl. Tabellenblätter „Hochrechnung 9 Wahlbezirke", „Hochrechnung 90 Wahlbezirke",
„Hochrechnung 225 Wahlbezirke", „Hochrechnung 450 Wahlbezirke" und „Ergebnisse" in Hochrechnung.xlsx
[18] Vgl. [KRÖP99]

$MAD = \dfrac{1}{n}\sum\limits_{i=1}^{n}\left\lvert x_i - \bar{x}\right\rvert$	n : *Anzahl der Werte,* *für das Beispiel 25 Werte*
	x_i : *Einzelwerte,* *im Beispiel die Einzelergebnisse der Hochrechnung für eine Partei*
$s = \sqrt{\dfrac{1}{n-1}\sum\limits_{i=1}^{n}\left(x_i - \bar{x}\right)^2}$	$\bar{x}$: *Arithmetisches Mittel,* *im Beispiel der Mittelwert von 25 Hochrechnungen für eine Partei*
$R = x_{max} - x_{min}$	x_{max} : *größter hochgerechneter Wert*
$\Delta max =$	x_{min} : *kleinster hochgerechneter Wert*
$max[(x_{Ist} - x_{min}),(x_{max} - x_{Ist})]$	x_{Ist} : *Ist – Ergebnis 2009*

Zur Beurteilung der Abweichung vom Istergebnis wird zusätzlich die mittlere absolute Abweichung vom Istergebnis bestimmt. Bei der Berechnung wird hier anstelle des arithmetischen Mittels das Istergebnis aus dem Jahr 2009 eingesetzt. Darüber hinaus wird die maximale Abweichung (Δ_{max}) vom Istergebnis je Partei bestimmt. Das Maximum ($max(\Delta_{max})$) dieser Abweichungswerte gibt den maximalen Fehler der 25 Hochrechnungen an.

Wahlhochrechnung Bundestagswahl 2009 für München auf Basis von 1% (=9) ausgezählter Wahlbezirke

	Wahlhochrechnung Regressionsschätzung																									Ist 2009	Mittelwert	X_{min}	X_{max}	MAD	s	R	MAD vom Istwert	Δ_{max}	$max(\Delta_{max})$
	1	2	3	4	5	6	7	8	9	10	11	12	13	14	15	16	17	18	19	20	21	22	23	24	25										
CSU	31,5%	32,3%	29,9%	30,9%	32,5%	29,7%	31,4%	31,4%	31,3%	33,1%	31,6%	31,5%	30,2%	31,3%	32,2%	30,2%	31,7%	31,9%	29,6%	31,9%	32,9%	31,1%	31,5%	32,4%	35,0%	32,1%	31,6%	29,6%	35,0%	0,82%	1,17%	5,4%	0,97%	2,9%	
SPD	19,4%	18,9%	19,4%	21,2%	17,3%	20,0%	18,7%	19,1%	20,9%	18,6%	19,6%	19,1%	19,7%	19,9%	20,2%	21,1%	19,9%	20,1%	21,5%	18,8%	19,1%	19,7%	18,3%	20,8%	17,7%	19,3%	19,6%	17,3%	21,5%	0,82%	1,05%	4,2%	0,85%	2,2%	
FDP	16,9%	18,3%	17,3%	16,6%	19,6%	17,2%	16,6%	19,9%	15,9%	17,2%	17,6%	17,1%	18,5%	17,9%	15,3%	17,0%	17,2%	16,7%	18,6%	18,9%	18,3%	18,1%	18,2%	16,3%	18,3%	17,6%	17,6%	15,3%	19,9%	0,90%	1,11%	4,7%	0,90%	2,4%	2,9%
GRÜNE	16,9%	18,3%	17,3%	16,6%	19,6%	17,2%	16,6%	19,9%	15,9%	17,2%	17,6%	17,1%	18,5%	17,9%	15,3%	17,0%	17,2%	16,7%	18,6%	18,9%	18,3%	18,1%	18,2%	16,3%	18,3%	17,5%	17,6%	15,3%	19,9%	0,90%	1,11%	4,7%	0,90%	2,4%	
LINKE	6,5%	5,4%	7,6%	8,2%	6,8%	7,2%	8,1%	6,6%	7,3%	6,6%	7,0%	7,0%	7,2%	7,2%	7,5%	7,4%	6,8%	6,0%	6,6%	6,8%	5,9%	7,5%	6,9%	7,1%	5,8%	6,7%	6,9%	5,4%	8,2%	0,51%	0,67%	2,8%	0,55%	1,5%	
SONSTIGE	6,8%	6,4%	7,2%	7,2%	5,6%	7,6%	8,0%	5,9%	7,3%	7,1%	7,8%	7,0%	7,3%	6,9%	6,7%	6,5%	7,2%	7,6%	7,0%	7,0%	6,4%	6,9%	7,2%	6,4%	6,8%	6,8%	7,0%	5,6%	8,0%	0,42%	0,57%	2,4%	0,45%	1,2%	
Summe	98,0%	99,5%	98,8%	100,6%	101,5%	98,9%	99,5%	102,9%	98,8%	99,7%	101,1%	98,8%	101,3%	101,1%	97,2%	99,1%	100,1%	99,0%	101,9%	102,4%	101,0%	101,5%	100,4%	99,3%	101,9%	Mittelwerte der Streuungsmaße				0,73%	0,95%	4,0%	0,77%		

	Wahlhochrechnung Trendschätzung																									Ist 2009	Mittelwert	X_{min}	X_{max}	MAD	s	R	MAD vom Istwert	Δ_{max}	$max(\Delta_{max})$
	1	2	3	4	5	6	7	8	9	10	11	12	13	14	15	16	17	18	19	20	21	22	23	24	25										
CSU	31,1%	30,8%	30,7%	32,5%	32,8%	29,8%	31,9%	31,3%	31,6%	33,2%	31,8%	31,1%	28,8%	31,3%	32,4%	33,9%	32,1%	32,1%	30,3%	32,1%	33,5%	31,4%	31,9%	31,7%	35,3%	32,1%	31,8%	28,8%	35,3%	0,95%	1,34%	6,5%	0,98%	3,3%	
SPD	19,6%	20,9%	18,9%	20,1%	16,6%	20,5%	17,9%	18,9%	20,5%	17,7%	20,1%	19,4%	20,7%	20,1%	20,6%	20,8%	19,4%	19,8%	21,9%	18,4%	19,4%	19,1%	18,0%	21,5%	16,8%	19,3%	19,5%	16,6%	21,9%	1,09%	1,38%	5,4%	1,13%	2,7%	
FDP	17,1%	17,7%	17,6%	16,9%	18,9%	17,8%	16,6%	20,3%	16,9%	17,3%	17,2%	16,9%	19,0%	18,1%	14,9%	16,9%	17,1%	16,8%	18,5%	19,3%	18,2%	17,5%	18,6%	16,6%	18,7%	17,6%	17,7%	14,9%	20,3%	0,87%	1,12%	5,3%	0,86%	2,7%	3,3%
GRÜNE	19,2%	18,4%	18,2%	15,4%	19,2%	17,4%	17,6%	17,3%	16,5%	17,9%	16,0%	18,3%	17,3%	17,0%	18,0%	14,5%	16,9%	17,8%	16,4%	16,3%	17,1%	17,2%	17,6%	17,3%	16,9%	17,5%	17,3%	14,5%	19,2%	0,78%	1,08%	4,8%	0,81%	3,1%	
LINKE	6,2%	5,7%	7,6%	7,9%	6,9%	6,7%	7,9%	6,6%	7,3%	6,8%	7,0%	7,0%	6,9%	6,7%	7,5%	7,5%	7,2%	6,2%	6,4%	6,9%	5,4%	7,6%	6,6%	6,6%	5,6%	6,7%	6,8%	5,4%	7,9%	0,52%	0,67%	2,5%	0,53%	1,3%	
SONSTIGE	6,8%	6,4%	7,0%	7,2%	5,7%	7,7%	8,1%	5,7%	7,1%	7,1%	7,8%	7,3%	7,3%	6,8%	6,6%	6,4%	7,4%	7,4%	6,4%	7,1%	6,4%	7,2%	7,2%	6,3%	6,7%	6,8%	6,9%	5,7%	8,1%	0,48%	0,59%	2,4%	0,49%	1,2%	
Summe	100,0%	100,0%	100,0%	100,0%	100,0%	100,0%	100,0%	100,0%	100,0%	100,0%	100,0%	100,0%	100,0%	100,0%	100,0%	100,0%	100,0%	100,0%	100,0%	100,0%	100,0%	100,0%	100,0%	100,0%	100,0%	Mittelwerte der Streuungsmaße				0,78%	1,03%	4,5%	0,80%		

	Wahlhochrechnung Stichprobenverfahren																									Ist 2009	Mittelwert	X_{min}	X_{max}	MAD	s	R	MAD vom Istwert	Δ_{max}	$max(\Delta_{max})$
	1	2	3	4	5	6	7	8	9	10	11	12	13	14	15	16	17	18	19	20	21	22	23	24	25										
CSU	31,9%	33,9%	27,0%	26,8%	32,5%	29,9%	28,8%	32,3%	29,5%	30,8%	30,9%	31,5%	32,5%	32,3%	31,8%	28,3%	31,3%	31,5%	34,1%	32,7%	34,5%	28,6%	31,6%	34,0%	34,9%	32,1%	31,4%	26,8%	34,9%	1,74%	2,24%	8,1%	1,75%	5,3%	
SPD	18,5%	17,7%	19,6%	22,3%	19,2%	19,0%	20,8%	18,7%	21,6%	18,6%	19,7%	18,5%	18,5%	19,4%	19,9%	21,3%	20,7%	20,6%	18,7%	18,7%	18,0%	20,7%	18,1%	19,0%	17,8%	19,3%	19,4%	17,7%	22,3%	1,04%	1,26%	4,6%	1,02%	3,0%	
FDP	18,2%	19,3%	18,0%	17,7%	17,3%	18,5%	16,4%	20,4%	15,4%	15,9%	17,9%	17,5%	18,6%	19,0%	15,9%	16,8%	16,1%	16,3%	20,2%	19,9%	19,3%	16,8%	17,9%	18,8%	18,2%	17,6%	17,9%	15,4%	20,4%	1,14%	1,41%	5,0%	1,18%	2,8%	5,3%
GRÜNE	18,7%	18,3%	21,1%	17,8%	17,0%	19,0%	17,9%	15,9%	18,6%	20,6%	17,0%	19,6%	16,9%	17,2%	17,8%	19,5%	16,0%	17,2%	15,9%	14,7%	16,8%	18,5%	18,8%	15,8%	17,0%	17,5%	17,7%	14,7%	21,1%	1,24%	1,55%	6,4%	1,25%	3,5%	
LINKE	5,8%	4,8%	7,6%	8,2%	7,5%	6,6%	8,4%	6,5%	7,6%	7,1%	6,8%	6,2%	6,6%	5,8%	8,0%	7,7%	7,8%	6,7%	5,1%	7,0%	5,3%	7,5%	6,8%	6,1%	5,5%	6,7%	6,8%	4,8%	8,4%	0,80%	0,99%	3,6%	0,80%	1,9%	
SONSTIGE	6,8%	6,0%	6,7%	7,2%	6,5%	7,0%	7,8%	6,2%	7,4%	7,0%	7,7%	6,7%	7,1%	6,3%	6,6%	6,4%	7,9%	7,7%	6,0%	7,0%	6,0%	7,9%	6,8%	6,2%	6,6%	6,8%	6,9%	6,0%	7,9%	0,50%	0,60%	1,9%	0,50%	1,1%	
Summe	100,0%	100,0%	100,0%	100,0%	100,0%	100,0%	100,0%	100,0%	100,0%	100,0%	100,0%	100,0%	100,0%	100,0%	100,0%	100,0%	100,0%	100,0%	100,0%	100,0%	100,0%	100,0%	100,0%	100,0%	100,0%	Mittelwerte der Streuungsmaße				1,08%	1,34%	4,9%	1,08%		

Wahlhochrechnung Bundestagswahl 2009 für München auf Basis von 10% (=90) ausgezählter Wahlbezirke

	Wahlhochrechnung Regressionsschätzung																									Ist 2009	Mittelwert	X_{min}	X_{max}	MAD	s	R	MAD vom Istwert	Δ_{max}	$max(\Delta_{max})$
	1	2	3	4	5	6	7	8	9	10	11	12	13	14	15	16	17	18	19	20	21	22	23	24	25										
CSU	32,2%	32,4%	31,7%	31,8%	32,1%	31,4%	32,2%	32,5%	32,6%	31,8%	32,2%	31,6%	31,6%	32,2%	31,9%	32,6%	31,8%	31,9%	31,5%	31,4%	31,9%	31,5%	32,2%	32,2%	32,0%	32,1%	32,0%	31,4%	32,6%	0,30%	0,36%	1,2%	0,30%	0,7%	
SPD	19,5%	19,5%	19,7%	19,7%	19,9%	20,1%	19,8%	19,5%	19,2%	19,7%	19,8%	19,4%	19,3%	19,7%	19,8%	19,4%	20,0%	20,0%	19,8%	19,6%	19,4%	19,7%	19,4%	19,7%	19,5%	19,3%	19,6%	19,2%	20,1%	0,20%	0,24%	0,8%	0,37%	0,8%	
FDP	17,2%	17,5%	17,7%	17,0%	16,8%	17,3%	16,9%	17,9%	17,9%	17,4%	17,6%	17,5%	17,8%	17,1%	17,4%	17,6%	16,9%	16,9%	17,4%	17,6%	17,6%	17,2%	17,7%	17,4%	17,8%	17,6%	17,4%	16,8%	17,9%	0,26%	0,32%	1,1%	0,28%	0,7%	0,9%
GRÜNE	17,2%	16,7%	17,0%	17,1%	17,0%	17,0%	16,9%	16,8%	16,9%	17,0%	16,6%	17,5%	17,3%	17,1%	17,0%	16,8%	17,5%	17,1%	17,3%	17,4%	17,5%	17,7%	17,3%	17,2%	17,3%	17,5%	17,1%	16,6%	17,7%	0,22%	0,27%	1,1%	0,41%	0,9%	
LINKE	6,9%	6,9%	6,9%	7,2%	7,5%	7,0%	7,1%	6,6%	6,8%	7,1%	6,9%	7,2%	7,3%	7,2%	7,1%	7,1%	7,1%	7,3%	7,1%	6,9%	6,7%	6,9%	6,7%	6,7%	6,7%	6,7%	7,0%	6,6%	7,5%	0,20%	0,23%	0,9%	0,29%	0,8%	
SONSTIGE	7,2%	7,0%	7,0%	7,1%	6,9%	7,2%	7,1%	6,6%	6,8%	7,1%	6,9%	7,0%	6,9%	6,8%	6,7%	6,9%	6,7%	7,1%	7,0%	7,0%	6,9%	7,0%	6,7%	6,7%	6,8%	6,8%	6,9%	6,6%	7,2%	0,14%	0,18%	0,7%	0,16%	0,4%	
Summe	100,1%	100,0%	100,0%	100,0%	100,3%	100,1%	100,1%	99,8%	100,2%	100,0%	100,0%	100,1%	100,2%	100,2%	100,0%	100,4%	100,0%	100,3%	100,0%	99,7%	100,0%	99,9%	100,0%	99,9%	100,0%	Mittelwerte der Streuungsmaße				0,22%	0,27%	1,0%	0,30%		

	Wahlhochrechnung Trendschätzung																									Ist 2009	Mittelwert	X_{min}	X_{max}	MAD	s	R	MAD vom Istwert	Δ_{max}	$max(\Delta_{max})$
	1	2	3	4	5	6	7	8	9	10	11	12	13	14	15	16	17	18	19	20	21	22	23	24	25										
CSU	32,4%	32,5%	32,0%	32,3%	32,4%	31,4%	32,5%	32,6%	32,5%	32,2%	32,3%	31,8%	31,9%	32,0%	32,0%	32,9%	32,0%	32,3%	31,6%	31,5%	32,1%	31,8%	32,6%	32,3%	32,1%	32,1%	32,2%	31,4%	32,9%	0,30%	0,37%	1,5%	0,31%	0,9%	
SPD	19,2%	19,7%	19,6%	19,4%	19,3%	20,1%	19,6%	19,8%	19,1%	19,0%	19,7%	19,1%	19,0%	19,7%	19,8%	18,9%	19,9%	19,4%	19,5%	19,8%	19,5%	19,7%	19,2%	19,8%	19,5%	19,3%	19,5%	18,9%	20,1%	0,26%	0,32%	1,1%	0,32%	0,8%	
FDP	17,2%	17,5%	17,9%	17,2%	17,0%	17,4%	17,1%	17,9%	18,1%	17,7%	17,7%	17,6%	17,8%	17,3%	17,5%	17,7%	16,9%	17,0%	17,7%	17,6%	17,3%	17,1%	17,8%	17,5%	18,0%	17,6%	17,5%	16,9%	18,1%	0,28%	0,33%	1,2%	0,27%	0,7%	0,9%
GRÜNE	17,3%	16,8%	17,0%	17,0%	17,1%	17,1%	16,9%	16,8%	17,0%	17,0%	16,7%	17,5%	17,4%	17,2%	17,1%	16,7%	17,6%	17,0%	17,5%	17,4%	17,5%	17,7%	17,2%	17,2%	17,3%	17,5%	17,2%	16,7%	17,7%	0,24%	0,28%	1,0%	0,39%	0,8%	
LINKE	6,8%	6,7%	6,8%	7,1%	7,4%	6,8%	6,9%	6,4%	6,6%	7,1%	6,7%	7,0%	7,1%	6,9%	7,0%	7,0%	6,9%	7,3%	6,9%	6,7%	6,6%	6,7%	6,6%	6,5%	6,5%	6,7%	6,8%	6,4%	7,4%	0,20%	0,25%	1,0%	0,21%	0,7%	
SONSTIGE	7,1%	6,9%	6,9%	7,0%	6,9%	7,2%	7,0%	6,5%	6,7%	7,0%	6,9%	7,0%	6,9%	6,9%	6,7%	6,8%	6,6%	7,0%	6,9%	7,0%	6,9%	6,9%	6,7%	6,7%	6,7%	6,8%	6,9%	6,5%	7,2%	0,13%	0,17%	0,7%	0,14%	0,3%	
Summe	100,0%	100,0%	100,0%	100,0%	100,0%	100,0%	100,0%	100,0%	100,0%	100,0%	100,0%	100,0%	100,0%	100,0%	100,0%	100,0%	100,0%	100,0%	100,0%	100,0%	100,0%	100,0%	100,0%	100,0%	100,0%	Mittelwerte der Streuungsmaße				0,24%	0,29%	1,1%	0,27%		

	Wahlhochrechnung Stichprobenverfahren																									Ist 2009	Mittelwert	X_{min}	X_{max}	MAD	s	R	MAD vom Istwert	Δ_{max}	$max(\Delta_{max})$
	1	2	3	4	5	6	7	8	9	10	11	12	13	14	15	16	17	18	19	20	21	22	23	24	25										
CSU	31,9%	32,5%	31,5%	31,3%	32,1%	31,9%	31,6%	32,6%	33,4%	30,8%	32,5%	31,0%	31,3%	32,9%	32,4%	32,5%	31,3%	30,9%	32,3%	31,3%	31,9%	31,0%	31,9%	32,6%	32,4%	32,1%	31,9%	30,8%	33,4%	0,58%	0,69%	2,5%	0,59%	1,3%	
SPD	19,4%	19,2%	19,5%	19,7%	20,1%	19,9%	19,7%	19,0%	19,0%	19,8%	19,5%	19,4%	19,3%	19,4%	19,4%	19,5%	19,8%	20,5%	19,5%	19,1%	19,0%	19,4%	19,0%	19,3%	19,0%	19,3%	19,4%	19,0%	20,5%	0,27%	0,37%	1,5%	0,30%	1,2%	
FDP	17,5%	18,1%	18,2%	17,0%	16,5%	17,3%	17,1%	18,2%	18,1%	17,0%	17,9%	17,3%	17,0%	17,6%	17,5%	17,4%	17,4%	16,5%	17,7%	18,1%	17,9%	17,7%	18,3%	17,8%	18,0%	17,6%	17,6%	16,5%	18,3%	0,42%	0,51%	1,8%	0,42%	1,1%	1,3%
GRÜNE	17,3%	17,0%	17,1%	17,7%	16,6%	16,9%	17,7%	17,4%	16,3%	17,8%	16,5%	18,3%	18,0%	16,7%	17,2%	16,6%	18,2%	17,4%	16,7%	18,2%	18,0%	18,5%	17,8%	17,2%	17,7%	17,5%	17,4%	16,3%	18,5%	0,53%	0,63%	2,2%	0,54%	1,3%	
LINKE	6,8%	6,6%	6,8%	7,2%	7,6%	6,8%	6,9%	6,2%	6,4%	7,4%	6,7%	7,0%	7,2%	6,6%	6,9%	7,0%	6,8%	7,6%	6,9%	6,7%	6,5%	6,7%	6,5%	6,4%	6,3%	6,7%	6,8%	6,2%	7,6%	0,28%	0,37%	1,4%	0,29%	0,9%	
SONSTIGE	7,0%	6,6%	6,9%	7,0%	7,2%	7,2%	6,9%	6,6%	6,9%	7,1%	7,0%	7,0%	7,1%	6,8%	6,6%	7,0%	6,6%	7,1%	7,0%	6,7%	6,7%	6,7%	6,6%	6,6%	6,5%	6,8%	6,9%	6,5%	7,2%	0,19%	0,22%	0,7%	0,19%	0,4%	
Summe	100,0%	100,0%	100,0%	100,0%	100,0%	100,0%	100,0%	100,0%	100,0%	100,0%	100,0%	100,0%	100,0%	100,0%	100,0%	100,0%	100,0%	100,0%	100,0%	100,0%	100,0%	100,0%	100,0%	100,0%	100,0%	Mittelwerte der Streuungsmaße				0,38%	0,46%	1,7%	0,39%		

Abbildung 7: Wahlhochrechnung Bundestagswahl 2009

Wahlhochrechnung Bundestagswahl 2009 für München auf Basis von 25% (=225) ausgezählter Wahlbezirke

	Wahlhochrechnung Regressionsschätzung																																		
	1	2	3	4	5	6	7	8	9	10	11	12	13	14	15	16	17	18	19	20	21	22	23	24	25	Ist 2009	Mittelwert	X_{min}	X_{max}	MAD	s	R	MAD vom Istwert	Δ_{max}	$max(\Delta_{max})$
CSU	31,7%	31,9%	32,0%	31,7%	32,0%	31,8%	31,9%	32,1%	31,9%	31,8%	31,9%	31,7%	31,6%	31,9%	31,8%	32,3%	31,8%	32,0%	31,8%	31,6%	31,8%	32,0%	32,2%	31,9%	32,0%	32,1%	31,9%	31,6%	32,3%	0,13%	0,17%	0,7%	0,21%	0,5%	
SPD	19,7%	19,5%	19,6%	19,6%	19,5%	19,5%	19,7%	19,6%	19,6%	19,8%	19,7%	19,3%	19,6%	19,8%	19,7%	19,5%	19,4%	19,6%	19,8%	19,7%	19,4%	19,7%	19,4%	19,6%	19,6%	19,3%	19,6%	19,3%	19,8%	0,10%	0,13%	0,5%	0,31%	0,5%	
FDP	17,1%	17,3%	17,5%	17,5%	17,4%	17,7%	17,2%	17,6%	17,4%	17,1%	17,4%	17,4%	17,2%	17,3%	17,4%	17,4%	17,2%	17,6%	17,5%	17,5%	17,6%	17,3%	17,6%	17,4%	17,4%	17,6%	17,4%	17,1%	17,7%	0,11%	0,15%	0,6%	0,18%	0,5%	
GRÜNE	17,4%	17,3%	17,1%	17,3%	17,3%	17,3%	17,2%	17,2%	17,3%	17,2%	17,1%	17,5%	17,4%	17,2%	17,3%	17,1%	17,6%	17,0%	17,1%	17,3%	17,3%	17,3%	17,1%	17,3%	17,3%	17,5%	17,3%	17,0%	17,6%	0,10%	0,13%	0,6%	0,27%	0,5%	0,5%
LINKE	7,0%	6,8%	6,9%	7,0%	7,1%	6,9%	6,8%	6,8%	7,0%	7,1%	6,8%	7,1%	7,2%	6,9%	7,0%	6,9%	7,0%	6,9%	6,9%	6,9%	6,9%	6,8%	6,8%	6,9%	6,9%	6,7%	6,9%	6,8%	7,2%	0,09%	0,11%	0,4%	0,22%	0,4%	
SONSTIGE	7,0%	7,0%	6,9%	6,8%	6,8%	6,9%	7,1%	6,7%	6,9%	7,1%	7,0%	7,0%	7,0%	6,9%	6,8%	6,9%	6,9%	7,0%	7,0%	6,9%	7,0%	6,9%	6,9%	6,8%	6,8%	6,8%	6,9%	6,7%	7,1%	0,08%	0,10%	0,4%	0,11%	0,3%	
Summe	100,0%	100,0%	100,0%	100,0%	100,1%	100,0%	100,0%	100,0%	100,1%	100,1%	100,0%	100,0%	100,0%	100,0%	99,9%	100,0%	100,0%	100,1%	100,0%	99,9%	100,0%	100,0%	100,0%	99,9%	100,0%	Mittelwerte der Streuungsmaße				0,10%	0,13%	0,5%	0,22%		

	Wahlhochrechnung Trendschätzung																																		
	1	2	3	4	5	6	7	8	9	10	11	12	13	14	15	16	17	18	19	20	21	22	23	24	25	Ist 2009	Mittelwert	X_{min}	X_{max}	MAD	s	R	MAD vom Istwert	Δ_{max}	$max(\Delta_{max})$
CSU	32,0%	32,1%	32,2%	32,0%	32,1%	32,0%	32,2%	32,1%	31,8%	32,1%	32,0%	32,0%	31,8%	31,9%	32,0%	32,4%	31,9%	32,3%	31,8%	31,9%	31,8%	32,2%	32,5%	32,1%	32,1%	32,1%	32,1%	31,8%	32,5%	0,15%	0,19%	0,8%	0,15%	0,5%	
SPD	19,4%	19,6%	19,4%	19,5%	19,3%	19,4%	19,7%	19,6%	19,5%	19,3%	19,7%	19,1%	19,4%	19,8%	19,7%	19,4%	19,4%	19,2%	19,7%	19,7%	19,4%	19,6%	19,3%	19,7%	19,5%	19,3%	19,5%	19,1%	19,8%	0,15%	0,18%	0,7%	0,23%	0,5%	
FDP	17,2%	17,3%	17,6%	17,6%	17,5%	17,8%	17,2%	17,7%	17,5%	17,4%	17,6%	17,5%	17,4%	17,4%	17,5%	17,5%	17,3%	17,7%	17,6%	17,5%	17,5%	17,4%	17,7%	17,4%	17,5%	17,6%	17,5%	17,2%	17,8%	0,12%	0,15%	0,6%	0,14%	0,4%	
GRÜNE	17,4%	17,4%	17,1%	17,2%	17,4%	17,3%	17,2%	17,3%	17,4%	17,2%	17,2%	17,6%	17,4%	17,3%	17,2%	17,1%	17,7%	17,0%	17,3%	17,2%	17,4%	17,3%	17,0%	17,3%	17,4%	17,5%	17,3%	17,0%	17,7%	0,12%	0,16%	0,7%	0,25%	0,5%	0,5%
LINKE	6,9%	6,7%	6,8%	6,9%	6,9%	6,7%	6,7%	6,6%	6,9%	7,0%	6,6%	6,9%	7,0%	6,8%	6,9%	6,8%	6,8%	6,8%	6,7%	6,8%	6,8%	6,7%	6,6%	6,8%	6,7%	6,7%	6,8%	6,6%	7,0%	0,10%	0,12%	0,4%	0,11%	0,3%	
SONSTIGE	7,0%	7,0%	6,9%	6,8%	6,8%	6,9%	7,1%	6,7%	6,9%	7,0%	7,0%	6,9%	7,0%	6,9%	6,8%	6,8%	6,9%	7,0%	7,0%	6,9%	7,0%	6,9%	6,8%	6,8%	6,8%	6,8%	6,9%	6,7%	7,1%	0,08%	0,10%	0,4%	0,09%	0,2%	
Summe	100,0%	100,0%	100,0%	100,0%	100,0%	100,0%	100,0%	100,0%	100,0%	100,0%	100,0%	100,0%	100,0%	100,0%	100,0%	100,0%	100,0%	100,0%	100,0%	100,0%	100,0%	100,0%	100,0%	100,0%	100,0%	Mittelwerte der Streuungsmaße				0,12%	0,15%	0,6%	0,16%		

	Wahlhochrechnung Stichprobenverfahren																																		
	1	2	3	4	5	6	7	8	9	10	11	12	13	14	15	16	17	18	19	20	21	22	23	24	25	Ist 2009	Mittelwert	X_{min}	X_{max}	MAD	s	R	MAD vom Istwert	Δ_{max}	$max(\Delta_{max})$
CSU	31,5%	32,2%	32,1%	31,6%	32,0%	31,8%	31,8%	32,4%	32,6%	31,4%	32,4%	31,4%	31,6%	32,5%	32,0%	32,6%	31,9%	31,4%	32,5%	31,3%	32,0%	31,8%	31,8%	32,2%	32,2%	32,1%	32,0%	31,3%	32,6%	0,33%	0,40%	1,3%	0,34%	0,8%	
SPD	19,6%	19,3%	19,4%	19,4%	19,3%	19,3%	19,5%	19,3%	19,4%	19,9%	19,3%	19,2%	19,3%	19,4%	19,3%	19,3%	19,2%	19,8%	19,5%	19,5%	19,1%	19,4%	19,2%	19,2%	19,3%	19,3%	19,4%	19,1%	19,9%	0,13%	0,18%	0,8%	0,13%	0,6%	
FDP	17,2%	17,7%	17,6%	17,9%	17,5%	17,8%	17,6%	17,7%	17,7%	17,0%	17,6%	17,5%	17,3%	17,6%	17,6%	17,4%	17,4%	17,5%	17,8%	17,8%	17,9%	17,6%	17,9%	17,8%	17,7%	17,6%	17,6%	17,0%	17,9%	0,17%	0,22%	1,0%	0,18%	0,6%	
GRÜNE	17,6%	17,5%	17,2%	17,6%	17,5%	17,8%	17,4%	17,3%	16,8%	17,3%	17,1%	18,1%	17,7%	17,2%	17,5%	17,1%	18,0%	17,3%	16,6%	17,9%	17,4%	17,7%	17,8%	17,4%	17,4%	17,5%	17,4%	16,6%	18,1%	0,27%	0,35%	1,5%	0,27%	0,9%	0,9%
LINKE	7,1%	6,6%	6,8%	6,8%	6,9%	6,6%	6,7%	6,6%	6,6%	7,3%	6,6%	6,9%	7,1%	6,6%	6,8%	6,7%	6,7%	7,0%	6,7%	6,8%	6,7%	6,6%	6,6%	6,6%	6,6%	6,7%	6,8%	6,6%	7,3%	0,14%	0,19%	0,7%	0,14%	0,5%	
SONSTIGE	7,0%	6,8%	6,9%	6,7%	6,7%	6,8%	7,0%	6,7%	6,9%	7,2%	7,0%	6,9%	7,0%	6,8%	6,7%	6,9%	6,8%	7,0%	7,0%	6,8%	6,9%	6,8%	6,7%	6,7%	6,7%	6,8%	6,9%	6,7%	7,2%	0,11%	0,13%	0,5%	0,11%	0,3%	
Summe	100,0%	100,0%	100,0%	100,0%	100,0%	100,0%	100,0%	100,0%	100,0%	100,0%	100,0%	100,0%	100,0%	100,0%	100,0%	100,0%	100,0%	100,0%	100,0%	100,0%	100,0%	100,0%	100,0%	100,0%	100,0%	Mittelwerte der Streuungsmaße				0,19%	0,24%	1,0%	0,19%		

Wahlhochrechnung Bundestagswahl 2009 für München auf Basis von 50% (=450) ausgezählter Wahlbezirke

	Wahlhochrechnung Regressionsschätzung																																		
	1	2	3	4	5	6	7	8	9	10	11	12	13	14	15	16	17	18	19	20	21	22	23	24	25	Ist 2009	Mittelwert	X_{min}	X_{max}	MAD	s	R	MAD vom Istwert	Δ_{max}	$max(\Delta_{max})$
CSU	31,8%	32,0%	31,9%	31,8%	31,9%	31,8%	31,9%	31,9%	31,9%	31,8%	31,8%	31,8%	31,7%	31,8%	31,9%	32,1%	31,8%	31,9%	31,9%	31,7%	31,8%	31,9%	32,1%	31,9%	31,9%	32,1%	31,9%	31,7%	32,1%	0,07%	0,10%	0,4%	0,20%	0,4%	
SPD	19,7%	19,6%	19,7%	19,6%	19,5%	19,6%	19,7%	19,6%	19,6%	19,7%	19,8%	19,4%	19,6%	19,8%	19,7%	19,5%	19,5%	19,6%	19,7%	19,7%	19,5%	19,7%	19,5%	19,6%	19,6%	19,3%	19,6%	19,4%	19,8%	0,09%	0,11%	0,4%	0,35%	0,6%	
FDP	17,2%	17,3%	17,4%	17,5%	17,3%	17,6%	17,2%	17,6%	17,4%	17,3%	17,3%	17,4%	17,3%	17,2%	17,3%	17,4%	17,2%	17,5%	17,3%	17,4%	17,5%	17,3%	17,5%	17,4%	17,4%	17,6%	17,4%	17,2%	17,6%	0,08%	0,11%	0,4%	0,20%	0,3%	
GRÜNE	17,4%	17,3%	17,2%	17,3%	17,4%	17,2%	17,2%	17,2%	17,3%	17,2%	17,1%	17,4%	17,4%	17,2%	17,3%	17,3%	17,5%	17,2%	17,2%	17,3%	17,3%	17,3%	17,2%	17,3%	17,2%	17,5%	17,3%	17,1%	17,5%	0,07%	0,08%	0,4%	0,25%	0,4%	0,6%
LINKE	7,0%	6,9%	6,9%	7,0%	7,1%	6,8%	6,9%	6,8%	7,0%	7,0%	6,9%	7,1%	7,1%	7,0%	7,1%	6,9%	7,0%	7,0%	6,9%	6,9%	7,0%	6,9%	6,8%	6,9%	6,9%	6,7%	7,0%	6,8%	7,1%	0,07%	0,08%	0,3%	0,23%	0,4%	
SONSTIGE	7,0%	7,0%	6,9%	6,9%	6,9%	6,9%	7,1%	6,8%	6,9%	7,0%	7,0%	7,0%	7,0%	7,0%	6,9%	6,9%	6,9%	7,0%	7,0%	6,9%	7,0%	7,0%	6,9%	6,9%	6,9%	6,8%	6,9%	6,8%	7,1%	0,05%	0,06%	0,2%	0,09%	0,2%	
Summe	100,0%	100,0%	100,0%	100,0%	100,1%	100,0%	100,0%	100,0%	100,1%	100,1%	100,0%	100,0%	100,0%	100,0%	100,0%	100,0%	100,0%	100,1%	100,1%	99,9%	100,0%	100,0%	100,0%	100,0%	100,0%	Mittelwerte der Streuungsmaße				0,07%	0,09%	0,4%	0,22%		

	Wahlhochrechnung Trendschätzung																																		
	1	2	3	4	5	6	7	8	9	10	11	12	13	14	15	16	17	18	19	20	21	22	23	24	25	Ist 2009	Mittelwert	X_{min}	X_{max}	MAD	s	R	MAD vom Istwert	Δ_{max}	$max(\Delta_{max})$
CSU	32,0%	32,2%	32,1%	32,0%	32,0%	32,0%	31,9%	31,9%	32,0%	31,9%	31,9%	32,2%	32,0%	31,8%	32,0%	32,1%	32,1%	32,1%	32,0%	32,0%	31,9%	32,0%	32,1%	31,9%	32,1%	32,1%	32,0%	31,8%	32,2%	0,07%	0,09%	0,3%	0,08%	0,2%	
SPD	19,5%	19,4%	19,6%	19,3%	19,4%	19,6%	19,9%	19,6%	19,5%	19,4%	19,9%	19,4%	19,3%	19,9%	19,5%	19,4%	19,4%	19,3%	19,5%	19,6%	19,3%	19,6%	19,5%	19,5%	19,5%	19,3%	19,5%	19,3%	19,9%	0,12%	0,17%	0,6%	0,23%	0,6%	
FDP	17,5%	17,4%	17,4%	17,6%	17,4%	17,6%	17,3%	17,6%	17,5%	17,7%	17,3%	17,4%	17,4%	17,2%	17,3%	17,5%	17,3%	17,5%	17,4%	17,3%	17,6%	17,3%	17,5%	17,5%	17,5%	17,6%	17,4%	17,2%	17,7%	0,10%	0,13%	0,5%	0,15%	0,3%	
GRÜNE	17,3%	17,3%	17,2%	17,3%	17,5%	17,2%	17,2%	17,3%	17,4%	17,3%	17,2%	17,3%	17,4%	17,2%	17,4%	17,4%	17,4%	17,3%	17,4%	17,4%	17,4%	17,2%	17,3%	17,4%	17,2%	17,5%	17,3%	17,2%	17,5%	0,07%	0,08%	0,3%	0,22%	0,4%	0,6%
LINKE	6,8%	6,8%	6,8%	6,9%	6,8%	6,7%	6,8%	6,7%	6,8%	6,8%	6,8%	6,9%	6,9%	6,9%	6,9%	6,8%	6,9%	6,9%	6,8%	6,8%	6,9%	6,9%	6,7%	6,8%	6,8%	6,7%	6,8%	6,7%	6,9%	0,05%	0,06%	0,2%	0,10%	0,2%	
SONSTIGE	6,9%	6,9%	6,9%	6,9%	6,9%	6,9%	7,0%	6,9%	6,8%	6,9%	6,9%	6,9%	6,9%	7,0%	6,9%	6,9%	6,9%	6,9%	7,0%	6,9%	7,0%	7,0%	7,0%	6,9%	6,9%	6,8%	6,9%	6,8%	7,0%	0,03%	0,04%	0,2%	0,07%	0,1%	
Summe	100,0%	100,0%	100,0%	100,0%	100,0%	100,0%	100,0%	100,0%	100,0%	100,0%	100,0%	100,0%	100,0%	100,0%	100,0%	100,0%	100,0%	100,0%	100,0%	100,0%	100,0%	100,0%	100,0%	100,0%	100,0%	Mittelwerte der Streuungsmaße				0,08%	0,09%	0,4%	0,14%		

	Wahlhochrechnung Stichprobenverfahren																																		
	1	2	3	4	5	6	7	8	9	10	11	12	13	14	15	16	17	18	19	20	21	22	23	24	25	Ist 2009	Mittelwert	X_{min}	X_{max}	MAD	s	R	MAD vom Istwert	Δ_{max}	$max(\Delta_{max})$
CSU	31,9%	31,8%	31,7%	31,5%	31,9%	31,6%	32,1%	32,2%	32,2%	31,9%	32,0%	31,4%	31,6%	32,1%	32,0%	32,2%	31,7%	31,6%	32,0%	31,5%	31,8%	31,9%	32,1%	32,1%	31,9%	32,1%	31,9%	31,4%	32,2%	0,19%	0,23%	0,8%	0,24%	0,6%	
SPD	19,6%	19,5%	19,6%	19,6%	19,5%	19,4%	19,4%	19,5%	19,5%	19,8%	19,5%	19,3%	19,5%	19,6%	19,6%	19,4%	19,4%	19,7%	19,7%	19,6%	19,4%	19,6%	19,3%	19,5%	19,5%	19,3%	19,5%	19,3%	19,8%	0,10%	0,13%	0,5%	0,24%	0,5%	
FDP	17,2%	17,5%	17,5%	17,6%	17,4%	17,8%	17,6%	17,6%	17,5%	16,9%	17,6%	17,5%	17,2%	17,5%	17,5%	17,5%	17,4%	17,6%	17,5%	17,7%	17,5%	17,4%	17,7%	17,5%	17,5%	17,6%	17,5%	16,9%	17,8%	0,12%	0,18%	0,9%	0,13%	0,6%	
GRÜNE	17,3%	17,5%	17,3%	17,5%	17,4%	17,6%	17,4%	17,3%	17,1%	17,2%	17,3%	17,8%	17,4%	17,2%	17,2%	17,3%	17,7%	17,2%	16,9%	17,5%	17,3%	17,5%	17,4%	17,2%	17,5%	17,5%	17,4%	16,9%	17,8%	0,16%	0,20%	0,9%	0,22%	0,6%	0,6%
LINKE	7,0%	6,7%	7,0%	7,0%	7,1%	6,8%	6,7%	6,7%	6,8%	7,2%	6,7%	7,0%	7,1%	6,8%	6,9%	6,9%	6,9%	7,0%	6,9%	6,9%	6,9%	6,8%	6,7%	6,8%	6,8%	6,7%	6,9%	6,7%	7,2%	0,11%	0,14%	0,6%	0,17%	0,5%	
SONSTIGE	7,0%	6,9%	6,9%	6,8%	6,8%	6,9%	7,0%	6,7%	6,9%	7,1%	7,0%	7,0%	7,0%	6,8%	6,8%	6,9%	6,9%	7,0%	7,0%	6,8%	7,0%	6,9%	6,7%	6,8%	6,8%	6,8%	6,9%	6,7%	7,1%	0,09%	0,11%	0,4%	0,09%	0,3%	
Summe	100,0%	100,0%	100,0%	100,0%	100,0%	100,0%	100,0%	100,0%	100,0%	100,0%	100,0%	100,0%	100,0%	100,0%	100,0%	100,0%	100,0%	100,0%	100,0%	100,0%	100,0%	100,0%	100,0%	100,0%	100,0%	Mittelwerte der Streuungsmaße				0,13%	0,16%	0,7%	0,18%		

Abbildung 8: Wahlhochrechnung Bundestagswahl 2009

4.3 Diskussion und Beurteilung der Ergebnisse

In Abbildung 9 sind die Mittelwerte für die Streuungsmaße mittlere absolute Abweichung, Standardabweichung und Spannweite in Abhängigkeit des Anteils ausgezählter Wahlbezirke dargestellt. Die Streuungsmaße werden mit zunehmender Anzahl an ausgezählten Wahlbezirken erwartungsgemäß kleiner. Somit werden die hochgerechneten Ergebnisse im Laufe der Auszählung konstanter. Die Streuungsmaße des Stichprobenverfahrens sind gegenüber den beiden anderen Verfahren immer größer. Bezüglich der Ergebnisstabilität sind daher die Verfahren Regressions- und Trendschätzung dem Stichprobenverfahren überlegen.

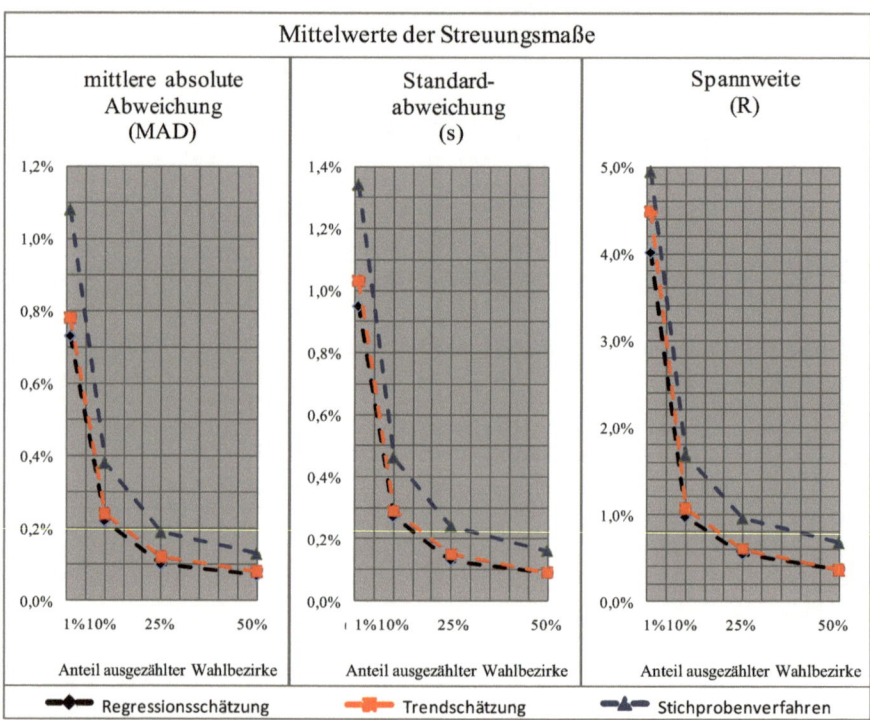

Abbildung 9: Mittlere Streuungsmaße für 25 Hochrechnungen

Für die Beurteilung der Vorhersagegenauigkeit werden sowohl die mittlere absolute Abweichung als auch die jeweils maximale Abweichung der hochgerechneten Ergebnisse vom Istwert herangezogen. Die Ergebnisse für die drei Verfahren zeigt Abbildung 10. Plausiblerweise ist auch hier festzustellen, dass die Hochrechnungsergebnisse mit zunehmender Anzahl an ausgezählten Wahlbezirken das Istergebnis 2009 besser treffen. Im Vergleich sind auch hier die Verfahren Regressions- und Trendschätzung vorteilhafter als das Stichprobenverfahren.

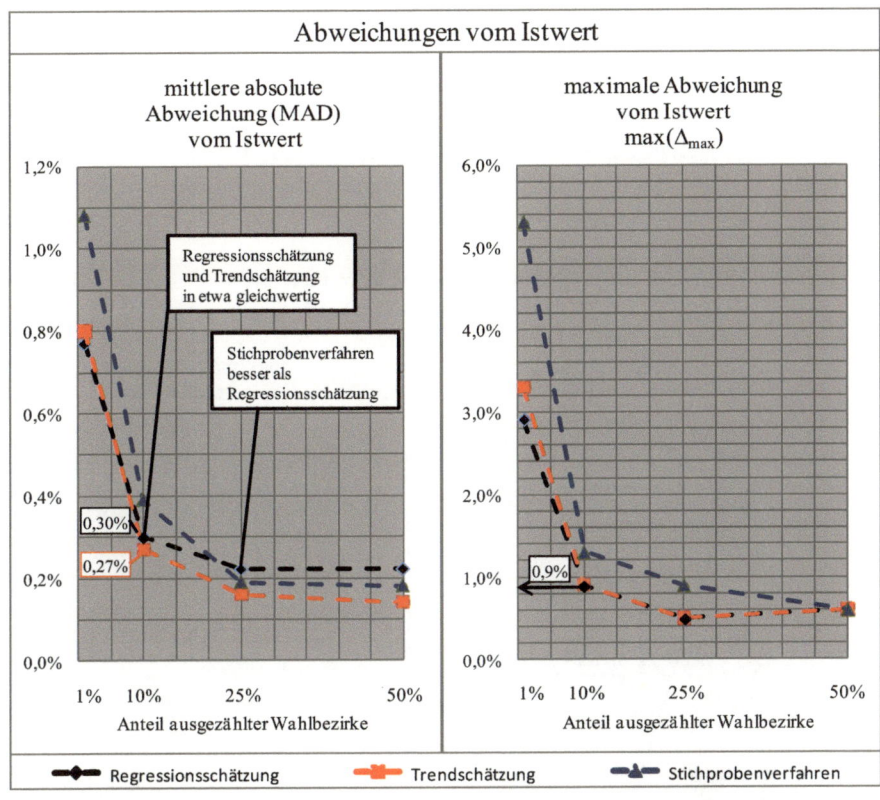

Abbildung 10: Abweichungen Hochrechnungen vom Istwert der Bundestagswahl 2009

Die Verfahren Regressions- und Trendschätzung liefern bereits nach Auszählung von 10% der Wahlbezirke Ergebnisse, die im Mittel nur um 0,30% bzw. 0,27% je Partei und maximal um 0,9% vom Istwert abweichen. Die maximale Abweichung von 0,9% ist der maximale Fehler der beiden Verfahren. Ursächlich hierfür ist die vermeintlich „unglückliche" Konstellation der zuerst ausgezählten Wahlbezirke für die Hochrechnungen eines Parteiergebnisses, unter den insgesamt 25 durchgeführten Hochrechnungen.

Der Verlauf der Werte in Abbildung 10 lässt erkennen, dass die Trendschätzung die Istwerte im Vergleich zur Regressionsschätzung ab 10% ausgezählter Wahlbezirke im Mittel besser trifft. Ab 25% ausgezählter Wahlbezirke ist diesbezüglich auch das Stichprobenverfahren der Regressionsschätzung überlegen.

Das etwas schlechtere Abschneiden der Regressionsschätzung ist darin begründet, dass für die neuen Wahlbezirke, für die es keine Vergleichswahlergebnisse gibt, als Schätzwert das Vorwahlergebnis des gesamten Wahlkreises verwendet wird. Im Gegensatz zu den anderen Verfahren fließt hier diese Schätzung in die Berechnung der Ergebnisse mit ein.

Eine weitere Durchführung von 25 Hochrechnungen ohne die neuen Wahlbezirke, also mit 829 Wahlbezirken, bestätigt den Einfluss dieser Schätzung auf die Abweichung vom Istwert. Für diese 25 Hochrechnungen sind die Ergebnisse vollständig im Anhang auf Seite 26 bis 29 zu finden. Auszugsweise ist in Abbildung 11 der Verlauf der maximalen Abweichung und der mittleren absoluten Abweichung wiedergegeben.

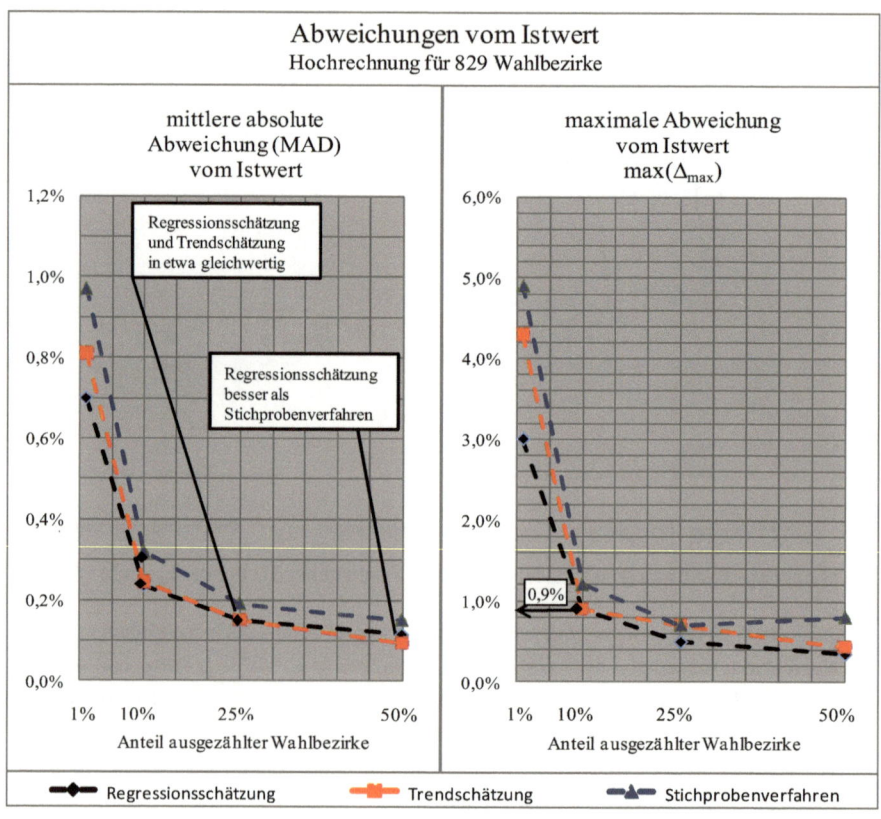

Abbildung 11: Abweichungen vom Istwert der Hochrechnungen für 829 Wahlbezirke

Die mittlere absolute Abweichung der Regressions- und der Trendschätzung nimmt bei 25% der Wahlbezirke den gleichen Wert an und verschlechtert sich bei 50% zu Ungunsten der Regressionsschätzung. Allerdings ist bei diesen Hochrechnungen die Regressionsschätzung bei 50% ausgezählter Wahlbezirke besser als das Stichprobenverfahren.

Des Weiteren lässt sich mithilfe der s-Regeln die Vorhersagegenauigkeit beurteilen. Es wird nun die Standardabweichung der stimmenstärksten Partei, der CSU für die Hochrechnungen mit 10% der Wahlbezirke in Abbildung 12 betrachtet. Der Abweichungsbetrag des Mittelwerts der 25 Hochrechnungen beträgt bei der Regressionsschätzung und Trendschätzung 0,1% und bei dem Stichprobenverfahren 0,2%. Der Mittelwert der Hochrechnungen trifft also sehr gut das tatsächliche Istergebnis der Wahl, es gilt $\bar{x} \approx x_{Ist}$.

Für die 25 Hochrechnungen wurden die Wahlbezirke, die in der jeweiligen Hochrechnung als ausgezählt gelten, zufällig ausgewählt. Betrachtet man nun auch die zeitliche Reihenfolge, wie die Ergebnisse am Wahlabend vorliegen als zufällig, dann kann so ein am Wahlabend ermitteltes Hochrechnungsergebnis als ein Ergebnis betrachtet werden, das aus der Verteilung aller möglichen Kombinationen ausgezählter Wahlbezirke stammt. Aus dieser Verteilung liegen 25 Ergebnisse vor, für die die Standardabweichung bestimmt wird.

Die s-Regeln besagen, dass ca. 67% der Daten im Bereich um ±s schwanken, ca. 95% im Bereich von ±2s, und 99% der Daten im Bereich von ±3s liegen.[19] Dies bedeutet nun, dass das mithilfe der Regressionsschätzung am Wahlabend nach Auszählung von 90 Wahlbezirken hochgerechnete Ergebnis der CSU mit einer Wahrscheinlichkeit von ca. 99% in einem Bereich von ± 1,1% (= 30,9% - 33,1%) des tatsächlichen Ergebnisses ($\approx \bar{x}$) liegt. Für die Trendschätzung gilt gemäß den Ergebnissen in Abbildung 12 eine ähnliche Aussage. Das Stichprobenverfahren führt hier zu einem deutlich größeren Abweichungsbereich.

Standardabweichung der Hochrechnungen für die CSU nach Auszählung von 10% der Wahlbezirke						
	Istergebnis 2009	Mittelwert Hochrechnungen $\bar{x}$	s	ca. 67% ± s	ca. 95% ± 2s	ca. 99% ± 3s
Regressionsschätzung	32,1%	32,0%	0,36%	± 0,36%	± 0,72%	± 1,08%
Trendschätzung	32,1%	32,2%	0,37%	± 0,37%	± 0,74%	± 1,11%
Stichprobenverfahren	32,1%	31,9%	0,69%	± 0,69%	± 1,38%	± 2,07%

Abbildung 12: Anwendung der s-Regeln am Beispiel des Ergebnisses für die CSU

Zusammenfassend ist aus den durchgeführten Hochrechnungen zu folgern, dass in der frühen Phase der Auszählung mit den Verfahren Regressionsschätzung und Trendschätzung die Ergebnisse genauer vorhergesagt werden können als mit Stichprobenverfahren. Die Verfahren Regressionsschätzung und Trendschätzung können in etwa gleichwertig eingeschätzt werden.

---

[19] Vgl. [KRÖP99]

5 Schlussbemerkung

Anhand der durchgeführten Hochrechnungen ist zu erkennen, dass man auf die tatsächlichen Ergebnisse sehr gut hochrechnen kann, wenn auch bei weitem nicht so exakt, wie man es aus den Wahlsendungen gewohnt ist. Erfahrungsgemäß schwanken hier die Ergebnisse der frühen Hochrechnungen bis zum Vorliegen des vorläufigen Endergebnisses um nur ein paar wenige Zehntel-Prozentpunkte.

Im Speziellen sei für die Regressionsschätzung erwähnt, dass bei den Beispielrechnungen, zum einen „nur" mit dem vereinfachten mathematischen Ansatz, dem der linearen Einfachregression, hochgerechnet und zum anderen eine eigene Annahme für die neuen Wahlbezirke getroffen wurde. Anhand der erzielten Ergebnisse ist es offensichtlich, dass diese eigens getroffene Annahme Einflüsse auf die Ergebnisse hat.

Es erscheint nachvollziehbar, dass die Jahre lange Erfahrung der Institute gerade in Bezug auf die Neueinteilung von Wahlbezirken und vor allem die Verbesserung des Rechenmodells auf Basis der multivariablen Regressionsrechnung zu den qualitativ hochwertigen Ergebnissen führen, die wir regelmäßig in den Wahlsendungen präsentiert bekommen.

6 Anhang

6.1 Herleitung der 1. Regressionsgeraden[20]

Summe der Quadratabstände in vertikaler Richtung:

$$F(a,b) = \sum_{i=1}^{n} (ax_i + b - y_i)^2$$

Partielles Ableiten von F nach a und b und null setzen:

$$\frac{\partial F}{\partial a} = 2\sum_{i=1}^{n}(ax_i + b - y_i) \cdot x_i = 0 \quad \Rightarrow \quad \sum_{i=1}^{n}(ax_i^2 + bx_i - x_i y_i) = 0$$

$$\frac{\partial F}{\partial b} = 2\sum_{i=1}^{n}(ax_i + b - y_i) \cdot 1 = 0 \quad \Rightarrow \quad \sum_{i=1}^{n}(ax_i + b - y_i) = 0$$

Umformung der Gleichungen:

$$a\sum_{i=1}^{n}x_i^2 + b\sum_{i=1}^{n}x_i = \sum_{i=1}^{n}x_i y_i$$

$$a\sum_{i=1}^{n}x_i + b \cdot n = \sum_{i=1}^{n}y_i \qquad Beachte: \sum_{i=1}^{n}b = b + b + \ldots + b = n \cdot b$$

Nach a und b auflösen:

$$(I)\, a = \frac{\sum_{i=1}^{n}x_i y_i - b\sum_{i=i}^{n}x_i}{\sum_{i=1}^{n}x_i^2} \qquad (II)\, b = \frac{\sum_{i=1}^{n}y_i - a\sum_{i=1}^{n}x_i}{n} \, in\,(I)\,einsetzen$$

$$(I')\, a = \frac{\sum_{i=1}^{n}x_i y_i - \frac{1}{n} \cdot \left(\sum_{i=i}^{n}x_i \sum_{i=1}^{n}y_i - a \cdot \left(\sum_{i=1}^{n}x_i\right)^2\right)}{\sum_{i=1}^{n}x_i^2}$$

$$(I')\, a\left(n \cdot \sum_{i=1}^{n}x_i^2 - \left(\sum_{i=1}^{n}x_i\right)^2\right) = n \cdot \sum_{i=1}^{n}x_i y_i - \sum_{i=i}^{n}x_i \sum_{i=1}^{n}y_i$$

$$(I')\, a = \frac{n \cdot \sum_{i=1}^{n}x_i y_i - \sum_{i=i}^{n}x_i \sum_{i=1}^{n}y_i}{n \cdot \sum_{i=1}^{n}x_i^2 - \left(\sum_{i=1}^{n}x_i\right)^2} \qquad (II)\, b = \frac{\sum_{i=1}^{n}y_i}{n} - a \cdot \frac{\sum_{i=1}^{n}x_i}{n}$$

Abbildung 13: Lösungsweg zur Herleitung der 1. Regressionsgeraden

---

[20] Vgl. [KRÖP99]

6.2 Hochrechnung ohne neue Wahlbezirke[21]

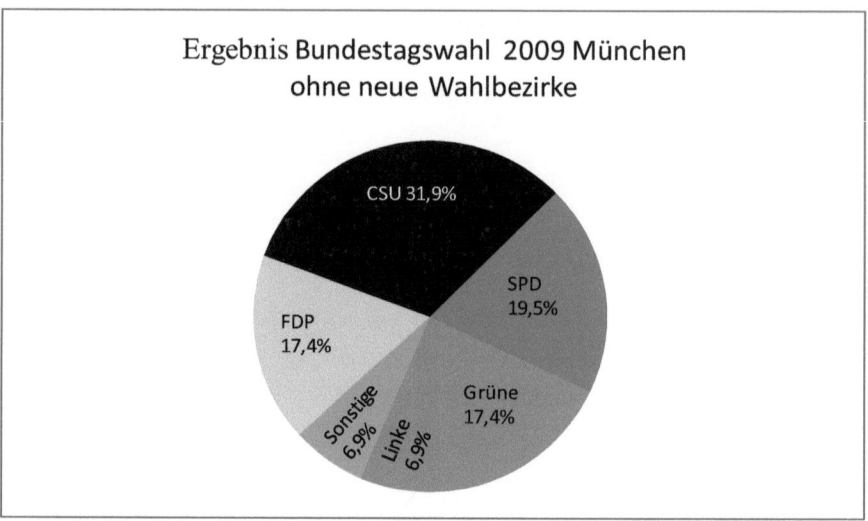

Abbildung 14: Ergebnisse der Bundestagswahl ohne die neuen Wahlbezirke

Die Ergebnisse wurden für die 829 Wahlbezirke in „Hochrechnung ohne neue Wahlbezir-ke.xlsx" im Tabellenblatt „BUW 2009" berechnet.

---

[21] Vgl. Hochrechnung ohne neue Wahlbezirke.xlsx

Wahlhochrechnung Bundestagswahl 2009 für München auf Basis von ≈ 1% (=9) ausgezählter Wahlbezirke

	Wahlhochrechnung Regressionsschätzung																									Ist 2009	Mittelwert	X_{min}	X_{max}	MAD	s	R	MAD vom Istwert	Δ_{max}	$max(\Delta_{max})$
	1	2	3	4	5	6	7	8	9	10	11	12	13	14	15	16	17	18	19	20	21	22	23	24	25										
CSU	31,0%	30,1%	32,0%	29,8%	31,0%	33,0%	30,1%	31,8%	31,8%	32,7%	31,2%	32,7%	32,2%	29,2%	31,1%	30,8%	28,8%	31,8%	31,6%	31,5%	34,0%	32,7%	29,6%	32,1%	33,2%	31,9%	31,4%	28,8%	34,0%	1,04%	1,30%	5,1%	1,05%	3,0%	3,0%
SPD	20,0%	20,2%	19,6%	20,6%	20,3%	19,1%	21,0%	18,4%	19,7%	19,2%	19,4%	18,1%	20,3%	19,0%	20,7%	19,9%	19,6%	20,1%	19,5%	20,0%	19,9%	20,4%	19,6%	19,3%	19,9%	19,5%	19,7%	18,1%	21,0%	0,52%	0,67%	2,8%	0,56%	1,4%	
FDP	17,6%	16,7%	16,7%	16,8%	15,8%	16,7%	15,7%	17,3%	17,4%	19,5%	16,0%	18,1%	17,1%	15,9%	16,9%	15,8%	17,4%	16,5%	16,2%	17,0%	16,9%	17,6%	19,0%	17,6%	16,4%	17,4%	17,0%	15,7%	19,5%	0,71%	0,95%	3,8%	0,84%	2,1%	
GRÜNE	17,6%	16,7%	16,7%	16,8%	15,8%	16,7%	15,7%	17,3%	17,4%	19,5%	16,0%	18,1%	17,1%	15,9%	16,9%	15,8%	17,4%	16,5%	16,2%	17,0%	16,9%	17,6%	19,0%	17,6%	16,4%	17,4%	17,0%	15,7%	19,5%	0,71%	0,95%	3,8%	0,83%	2,1%	
LINKE	6,0%	7,0%	7,2%	7,1%	6,7%	7,2%	7,7%	7,2%	7,6%	5,9%	7,2%	8,0%	7,1%	8,3%	7,8%	7,6%	6,7%	7,3%	7,0%	7,2%	7,5%	7,0%	7,5%	6,6%	6,5%	6,9%	7,2%	5,9%	8,3%	0,41%	0,57%	2,4%	0,52%	1,5%	
SONSTIGE	6,9%	7,5%	7,7%	6,7%	6,9%	6,9%	7,5%	7,3%	6,6%	6,8%	7,5%	6,4%	7,5%	8,3%	7,3%	7,1%	6,7%	7,5%	6,9%	7,5%	7,0%	6,9%	7,2%	7,8%	6,5%	6,9%	7,2%	6,4%	8,3%	0,39%	0,47%	1,9%	0,40%	1,4%	
Summe	99,0%	98,3%	99,8%	97,8%	96,7%	99,5%	97,7%	99,3%	100,6%	103,6%	97,4%	101,6%	101,2%	96,6%	100,6%	97,0%	96,7%	99,5%	97,4%	100,1%	102,2%	102,1%	101,8%	101,0%	98,8%	Mittelwerte der Streuungsmaße				0,63%	0,82%	3,3%	0,70%		

	Wahlhochrechnung Trendschätzung																									Ist 2009	Mittelwert	X_{min}	X_{max}	MAD	s	R	MAD vom Istwert	Δ_{max}	$max(\Delta_{max})$
	1	2	3	4	5	6	7	8	9	10	11	12	13	14	15	16	17	18	19	20	21	22	23	24	25										
CSU	30,8%	29,0%	32,4%	30,2%	31,2%	32,7%	31,0%	32,1%	33,3%	32,2%	30,9%	32,7%	32,6%	29,0%	32,3%	31,5%	27,6%	32,2%	32,2%	32,0%	34,2%	32,9%	31,7%	32,0%	34,3%	31,9%	31,7%	27,6%	34,3%	1,14%	1,55%	6,7%	1,12%	4,3%	4,3%
SPD	19,9%	20,4%	18,8%	20,7%	20,0%	20,5%	20,3%	18,5%	19,0%	19,4%	18,9%	18,2%	21,1%	18,8%	20,7%	20,6%	20,3%	19,6%	19,9%	20,8%	19,4%	20,6%	19,1%	19,8%	19,1%	19,5%	19,8%	18,2%	21,1%	0,69%	0,81%	2,9%	0,73%	1,6%	
FDP	18,1%	16,9%	16,5%	17,0%	17,2%	16,0%	15,9%	17,3%	17,8%	19,2%	17,7%	17,4%	16,3%	16,0%	15,8%	14,4%	18,4%	16,6%	17,2%	16,7%	16,7%	17,2%	19,2%	17,7%	16,2%	17,4%	17,0%	14,4%	19,2%	0,82%	1,08%	4,8%	0,91%	3,0%	
GRÜNE	18,5%	19,4%	17,2%	18,8%	18,2%	16,9%	17,7%	17,9%	16,0%	16,3%	18,3%	16,8%	15,6%	19,7%	16,3%	18,9%	20,4%	16,8%	17,0%	16,4%	14,6%	15,7%	15,2%	16,0%	17,4%	17,4%	17,3%	14,6%	20,4%	1,21%	1,48%	5,8%	1,22%	3,0%	
LINKE	5,9%	6,7%	7,1%	6,9%	6,7%	6,9%	7,7%	7,0%	7,4%	6,0%	7,2%	8,2%	6,9%	8,1%	7,6%	7,6%	6,6%	7,6%	6,8%	7,0%	7,6%	6,8%	7,4%	6,4%	6,4%	6,9%	7,1%	5,9%	8,2%	0,47%	0,59%	2,3%	0,48%	1,4%	
SONSTIGE	6,7%	7,7%	7,9%	6,4%	6,9%	6,9%	7,3%	7,2%	6,5%	7,0%	6,9%	6,6%	7,4%	8,3%	7,4%	7,0%	6,6%	7,3%	6,8%	7,1%	7,4%	6,8%	7,3%	7,9%	6,6%	6,9%	7,1%	6,4%	8,3%	0,38%	0,47%	1,8%	0,38%	1,3%	
Summe	100,0%	100,0%	100,0%	100,0%	100,0%	100,0%	100,0%	100,0%	100,0%	100,0%	100,0%	100,0%	100,0%	100,0%	100,0%	100,0%	100,0%	100,0%	100,0%	100,0%	100,0%	100,0%	100,0%	100,0%	100,0%	Mittelwerte der Streuungsmaße				0,78%	1,00%	4,0%	0,81%		

	Wahlhochrechnung Stichprobenverfahren																									Ist 2009	Mittelwert	X_{min}	X_{max}	MAD	s	R	MAD vom Istwert	Δ_{max}	$max(\Delta_{max})$
	1	2	3	4	5	6	7	8	9	10	11	12	13	14	15	16	17	18	19	20	21	22	23	24	25										
CSU	33,8%	32,7%	32,0%	28,8%	33,4%	33,9%	27,0%	33,8%	30,8%	33,0%	35,3%	32,1%	33,1%	29,8%	29,9%	28,3%	30,0%	28,8%	30,1%	31,5%	31,2%	31,9%	29,9%	34,0%	31,8%	31,9%	31,5%	27,0%	35,3%	1,73%	2,10%	8,3%	1,71%	4,9%	4,9%
SPD	19,2%	19,5%	20,1%	20,0%	21,4%	19,2%	21,7%	17,9%	20,1%	19,0%	19,3%	18,4%	19,2%	18,5%	20,2%	19,9%	18,5%	20,3%	19,0%	19,3%	20,3%	19,7%	20,0%	18,3%	20,5%	19,5%	19,6%	17,9%	21,7%	0,74%	0,93%	3,9%	0,74%	2,2%	
FDP	17,4%	15,6%	16,3%	16,4%	14,8%	17,2%	15,5%	18,0%	17,7%	19,5%	15,7%	18,0%	17,4%	15,1%	17,9%	16,4%	17,3%	16,9%	18,9%	18,4%	18,2%	18,0%	19,0%	17,3%	15,9%	17,4%	17,2%	14,8%	19,5%	1,03%	1,27%	4,7%	1,03%	2,6%	
GRÜNE	16,5%	17,9%	16,4%	21,5%	16,4%	16,6%	21,1%	16,7%	17,4%	15,7%	15,0%	17,0%	16,4%	20,6%	17,2%	21,6%	20,8%	18,9%	18,8%	17,6%	16,3%	16,7%	16,6%	17,0%	17,7%	17,4%	17,8%	15,0%	21,6%	1,52%	1,91%	6,6%	1,43%	4,2%	
LINKE	6,2%	6,4%	7,5%	7,1%	6,6%	6,5%	7,7%	6,3%	7,4%	5,8%	7,3%	8,2%	6,6%	8,0%	7,7%	7,4%	6,9%	7,9%	6,5%	6,7%	7,1%	7,0%	7,5%	6,4%	6,8%	6,9%	7,0%	5,8%	8,2%	0,52%	0,62%	2,4%	0,53%	1,4%	
SONSTIGE	6,9%	7,8%	7,7%	6,3%	7,4%	6,6%	7,0%	7,3%	6,6%	6,9%	7,5%	6,3%	7,3%	7,9%	7,1%	6,4%	6,5%	7,1%	6,7%	6,4%	6,9%	6,6%	7,1%	7,1%	7,3%	6,9%	7,0%	6,3%	7,9%	0,38%	0,47%	1,7%	0,39%	1,0%	
Summe	100,0%	100,0%	100,0%	100,0%	100,0%	100,0%	100,0%	100,0%	100,0%	100,0%	100,0%	100,0%	100,0%	100,0%	100,0%	100,0%	100,0%	100,0%	100,0%	100,0%	100,0%	100,0%	100,0%	100,0%	100,0%	Mittelwerte der Streuungsmaße				0,99%	1,22%	4,6%	0,97%		

Wahlhochrechnung Bundestagswahl 2009 für München auf Basis von ≈ 10% (=90) ausgezählter Wahlbezirke

	Wahlhochrechnung Regressionsschätzung																									Ist 2009	Mittelwert	X_{min}	X_{max}	MAD	s	R	MAD vom Istwert	Δ_{max}	$max(\Delta_{max})$
	1	2	3	4	5	6	7	8	9	10	11	12	13	14	15	16	17	18	19	20	21	22	23	24	25										
CSU	32,2%	31,3%	31,9%	31,8%	31,2%	32,0%	31,9%	32,3%	31,5%	31,8%	31,9%	31,4%	32,0%	32,2%	31,6%	31,9%	32,0%	32,1%	31,0%	32,2%	32,2%	31,4%	32,0%	31,3%	32,2%	31,9%	31,8%	31,0%	32,3%	0,29%	0,35%	1,3%	0,28%	0,8%	0,9%
SPD	19,7%	19,7%	19,7%	20,0%	20,4%	19,8%	19,8%	19,4%	19,7%	19,4%	19,9%	20,0%	19,7%	19,7%	20,0%	19,8%	19,4%	19,7%	20,1%	19,7%	19,0%	19,7%	19,4%	19,6%	19,6%	19,5%	19,7%	19,0%	20,4%	0,20%	0,28%	1,4%	0,27%	0,9%	
FDP	17,1%	17,1%	17,3%	17,2%	16,9%	16,8%	17,4%	17,0%	17,5%	17,9%	17,0%	17,2%	17,2%	17,1%	17,1%	16,8%	17,5%	17,6%	17,3%	17,2%	17,8%	17,8%	18,1%	17,5%	17,3%	17,4%	17,3%	16,8%	18,1%	0,27%	0,34%	1,2%	0,31%	0,6%	
GRÜNE	17,2%	17,5%	16,9%	17,3%	17,1%	17,2%	17,3%	17,2%	17,4%	17,3%	17,4%	17,4%	16,9%	17,5%	17,4%	17,1%	17,3%	16,9%	17,5%	17,0%	17,3%	17,4%	16,5%	17,1%	16,8%	17,4%	17,2%	16,5%	17,5%	0,20%	0,25%	1,0%	0,23%	0,9%	
LINKE	7,1%	7,0%	7,1%	7,4%	7,2%	7,0%	6,9%	7,0%	7,1%	6,7%	7,0%	7,2%	7,1%	6,8%	7,0%	7,3%	6,8%	6,5%	7,0%	7,1%	6,9%	6,6%	6,9%	7,2%	6,9%	6,9%	7,0%	6,5%	7,4%	0,15%	0,20%	0,9%	0,20%	0,5%	
SONSTIGE	6,8%	7,2%	7,2%	6,7%	7,1%	7,2%	6,8%	7,1%	7,0%	6,9%	7,2%	6,9%	7,1%	6,8%	6,9%	7,2%	6,9%	7,1%	7,0%	6,9%	6,9%	6,8%	7,1%	7,3%	7,0%	6,9%	7,0%	6,7%	7,3%	0,15%	0,17%	0,6%	0,16%	0,4%	
Summe	100,0%	99,9%	100,1%	100,3%	100,1%	100,1%	100,1%	100,1%	100,4%	100,0%	100,3%	100,1%	99,9%	100,1%	100,0%	100,1%	99,9%	99,9%	100,0%	100,2%	100,1%	99,8%	100,0%	100,1%	99,7%	Mittelwerte der Streuungsmaße				0,21%	0,27%	1,1%	0,24%		

	Wahlhochrechnung Trendschätzung																									Ist 2009	Mittelwert	X_{min}	X_{max}	MAD	s	R	MAD vom Istwert	Δ_{max}	$max(\Delta_{max})$
	1	2	3	4	5	6	7	8	9	10	11	12	13	14	15	16	17	18	19	20	21	22	23	24	25										
CSU	32,5%	31,6%	32,3%	31,7%	31,5%	32,1%	31,9%	32,4%	31,8%	31,9%	32,2%	31,5%	32,3%	32,3%	31,9%	32,3%	31,8%	32,5%	31,1%	32,1%	32,3%	31,7%	32,2%	31,5%	32,6%	31,9%	32,0%	31,1%	32,6%	0,33%	0,39%	1,5%	0,35%	0,8%	0,9%
SPD	19,4%	19,4%	19,4%	19,7%	20,2%	19,6%	19,7%	19,4%	18,9%	19,3%	19,3%	19,7%	19,6%	19,4%	20,0%	19,5%	19,4%	19,7%	19,8%	19,4%	18,7%	19,9%	19,2%	19,5%	19,5%	19,5%	19,5%	18,7%	20,2%	0,24%	0,32%	1,6%	0,24%	0,9%	
FDP	17,2%	17,2%	17,4%	17,3%	17,0%	17,0%	17,6%	17,1%	17,7%	17,8%	17,2%	17,3%	17,2%	17,3%	17,2%	16,9%	17,7%	17,7%	17,4%	17,3%	17,9%	17,9%	18,2%	17,8%	17,5%	17,4%	17,4%	16,9%	18,2%	0,28%	0,33%	1,2%	0,28%	0,7%	
GRÜNE	17,1%	17,6%	16,8%	17,4%	17,0%	17,3%	17,5%	17,2%	17,7%	17,5%	17,5%	17,5%	16,9%	17,6%	17,3%	16,9%	17,6%	16,7%	17,7%	17,3%	17,6%	17,3%	16,7%	17,1%	16,7%	17,4%	17,3%	16,7%	17,7%	0,28%	0,33%	1,1%	0,28%	0,8%	
LINKE	6,9%	7,0%	7,0%	7,2%	7,1%	6,9%	6,7%	6,8%	7,0%	6,6%	6,9%	7,1%	7,0%	6,7%	6,8%	7,2%	6,7%	6,4%	7,0%	7,0%	6,7%	6,4%	6,7%	6,9%	6,8%	6,9%	6,9%	6,4%	7,2%	0,16%	0,21%	0,8%	0,16%	0,5%	
SONSTIGE	6,8%	7,2%	7,1%	6,7%	7,1%	7,2%	6,7%	7,0%	6,9%	6,8%	7,1%	6,9%	7,1%	6,7%	6,8%	7,2%	6,8%	7,1%	7,0%	6,9%	6,9%	6,8%	7,0%	7,2%	6,9%	6,9%	7,0%	6,7%	7,2%	0,14%	0,16%	0,5%	0,14%	0,3%	
Summe	100,0%	100,0%	100,0%	100,0%	100,0%	100,0%	100,0%	100,0%	100,0%	100,0%	100,0%	100,0%	100,0%	100,0%	100,0%	100,0%	100,0%	100,0%	100,0%	100,0%	100,0%	100,0%	100,0%	100,0%	100,0%	Mittelwerte der Streuungsmaße				0,24%	0,29%	1,1%	0,24%		

	Wahlhochrechnung Stichprobenverfahren																									Ist 2009	Mittelwert	X_{min}	X_{max}	MAD	s	R	MAD vom Istwert	Δ_{max}	$max(\Delta_{max})$
	1	2	3	4	5	6	7	8	9	10	11	12	13	14	15	16	17	18	19	20	21	22	23	24	25										
CSU	31,9%	31,2%	31,8%	32,3%	31,3%	32,1%	32,4%	33,0%	31,4%	32,0%	31,6%	31,9%	32,1%	32,1%	31,4%	31,4%	32,6%	31,3%	31,2%	32,8%	32,7%	31,5%	32,4%	32,0%	31,9%	31,9%	31,9%	31,2%	33,0%	0,42%	0,53%	1,8%	0,43%	1,2%	1,2%
SPD	19,4%	19,6%	19,8%	19,9%	20,4%	19,7%	19,6%	19,2%	20,2%	19,1%	20,2%	19,7%	19,4%	19,7%	19,8%	19,8%	19,0%	19,4%	20,2%	19,4%	18,9%	19,2%	19,1%	19,1%	18,9%	19,5%	19,5%	18,9%	20,4%	0,35%	0,43%	1,5%	0,35%	0,9%	
FDP	17,3%	17,2%	17,0%	17,1%	16,7%	17,1%	17,4%	16,9%	17,5%	18,0%	16,4%	17,3%	17,4%	17,1%	17,5%	16,9%	17,8%	17,8%	16,7%	17,4%	17,9%	18,2%	18,1%	17,4%	17,9%	17,4%	17,4%	16,4%	18,2%	0,37%	0,47%	1,8%	0,38%	1,0%	
GRÜNE	17,8%	17,6%	17,0%	17,0%	17,5%	17,0%	17,2%	16,9%	16,8%	17,4%	17,5%	17,0%	17,0%	17,7%	17,7%	17,5%	16,9%	18,1%	17,2%	16,7%	17,2%	17,9%	16,6%	17,7%	17,5%	17,4%	17,3%	16,6%	18,1%	0,34%	0,40%	1,5%	0,35%	0,9%	
LINKE	6,9%	7,2%	7,1%	7,0%	7,1%	6,9%	6,6%	6,8%	7,2%	6,6%	7,2%	7,1%	7,0%	6,7%	6,8%	7,3%	6,8%	6,5%	7,4%	6,8%	6,6%	6,4%	6,8%	6,7%	6,9%	6,9%	6,9%	6,4%	7,4%	0,21%	0,26%	1,0%	0,21%	0,6%	
SONSTIGE	6,7%	7,3%	7,2%	6,7%	7,1%	7,2%	6,8%	7,1%	7,1%	7,0%	7,2%	6,9%	7,1%	6,7%	6,9%	7,2%	6,9%	6,9%	7,3%	6,8%	6,9%	6,7%	7,1%	7,0%	6,9%	6,9%	7,0%	6,7%	7,3%	0,17%	0,19%	0,6%	0,17%	0,4%	
Summe	100,0%	100,0%	100,0%	100,0%	100,0%	100,0%	100,0%	100,0%	100,0%	100,0%	100,0%	100,0%	100,0%	100,0%	100,0%	100,0%	100,0%	100,0%	100,0%	100,0%	100,0%	100,0%	100,0%	100,0%	100,0%	Mittelwerte der Streuungsmaße				0,31%	0,38%	1,4%	0,32%		

Abbildung 15: Wahlhochrechnung Bundestagswahl 2009 ohne neue Wahlbezirke

Wahlhochrechnung Bundestagswahl 2009 für München auf Basis von ≈ 25% (=225) ausgezählter Wahlbezirke

	Wahlhochrechnung Regressionsschätzung																									Ist 2009	Mittelwert	X_{min}	X_{max}	MAD	s	R	MAD vom Istwert	Δ_{max}	max(Δ_{max})
	1	2	3	4	5	6	7	8	9	10	11	12	13	14	15	16	17	18	19	20	21	22	23	24	25										
CSU	31,8%	31,4%	32,1%	31,8%	31,6%	31,7%	32,1%	32,0%	31,8%	31,9%	32,1%	31,9%	32,0%	32,0%	31,6%	31,8%	31,7%	32,0%	31,6%	31,6%	32,0%	31,7%	31,9%	31,9%	32,1%	31,9%	31,8%	31,4%	32,1%	0,16%	0,20%	0,7%	0,16%	0,4%	
SPD	19,7%	19,7%	19,7%	19,7%	19,7%	19,7%	19,6%	19,5%	19,5%	19,4%	19,6%	19,8%	19,7%	19,6%	19,8%	19,7%	19,4%	19,7%	19,9%	19,5%	19,5%	19,9%	19,8%	19,5%	19,5%	19,5%	19,6%	19,4%	19,9%	0,11%	0,13%	0,5%	0,14%	0,4%	
FDP	17,1%	17,2%	17,6%	17,2%	17,2%	17,1%	17,4%	17,3%	17,7%	17,7%	17,2%	17,3%	17,3%	17,2%	17,3%	16,9%	17,6%	17,5%	17,1%	17,5%	17,5%	17,6%	17,5%	17,6%	17,4%	17,4%	17,4%	16,9%	17,7%	0,17%	0,21%	0,8%	0,19%	0,5%	
GRÜNE	17,5%	17,4%	16,9%	17,4%	17,5%	17,6%	17,1%	17,3%	17,3%	17,4%	17,3%	17,1%	17,0%	17,5%	17,5%	17,3%	17,5%	17,0%	17,3%	17,4%	17,3%	17,1%	17,0%	17,0%	17,1%	17,4%	17,3%	16,9%	17,6%	0,17%	0,20%	0,7%	0,18%	0,5%	0,5%
LINKE	7,0%	7,1%	6,7%	7,0%	7,1%	7,0%	7,0%	6,9%	6,8%	6,7%	6,8%	7,0%	7,0%	6,9%	7,0%	7,2%	6,9%	6,8%	6,9%	6,9%	6,9%	6,8%	7,0%	7,0%	7,0%	6,9%	6,9%	6,7%	7,2%	0,09%	0,12%	0,5%	0,12%	0,3%	
SONSTIGE	6,9%	7,1%	6,9%	6,9%	7,0%	7,0%	6,9%	6,9%	6,9%	6,9%	7,0%	7,0%	7,0%	6,8%	6,8%	7,1%	7,0%	7,0%	7,2%	7,1%	7,0%	6,8%	6,9%	7,0%	7,0%	6,9%	7,0%	6,8%	7,2%	0,08%	0,10%	0,4%	0,08%	0,2%	
Summe	100,0%	100,0%	100,0%	100,0%	100,1%	100,1%	100,1%	100,1%	100,1%	100,1%	100,1%	100,0%	100,0%	100,0%	100,0%	100,0%	100,1%	100,0%	100,0%	100,0%	100,1%	99,8%	100,1%	100,0%	100,0%	Mittelwerte der Streuungsmaße				0,13%	0,16%	0,6%	0,15%		

	Wahlhochrechnung Trendschätzung																									Ist 2009	Mittelwert	X_{min}	X_{max}	MAD	s	R	MAD vom Istwert	Δ_{max}	max(Δ_{max})
	1	2	3	4	5	6	7	8	9	10	11	12	13	14	15	16	17	18	19	20	21	22	23	24	25										
CSU	32,0%	31,7%	32,3%	31,9%	31,8%	31,8%	32,5%	32,2%	32,0%	32,1%	32,3%	32,0%	32,3%	32,1%	31,8%	31,9%	31,7%	32,4%	31,8%	31,7%	32,2%	32,0%	32,0%	32,0%	32,3%	31,9%	32,0%	31,7%	32,5%	0,20%	0,24%	0,8%	0,23%	0,7%	
SPD	19,6%	19,4%	19,6%	19,6%	19,4%	19,5%	19,2%	19,4%	19,1%	19,2%	19,3%	19,7%	19,5%	19,4%	19,7%	19,6%	19,3%	19,5%	19,5%	19,4%	19,2%	19,8%	19,7%	19,5%	19,2%	19,5%	19,5%	19,1%	19,8%	0,15%	0,18%	0,7%	0,15%	0,4%	
FDP	17,1%	17,4%	17,7%	17,3%	17,4%	17,2%	17,5%	17,5%	17,8%	17,8%	17,2%	17,4%	17,4%	17,4%	17,4%	17,0%	17,7%	17,6%	17,2%	17,6%	17,6%	17,7%	17,6%	17,8%	17,5%	17,4%	17,5%	17,0%	17,8%	0,18%	0,22%	0,8%	0,18%	0,4%	
GRÜNE	17,6%	17,4%	16,9%	17,4%	17,5%	17,6%	17,1%	17,3%	17,4%	17,5%	17,4%	17,2%	17,0%	17,5%	17,5%	17,3%	17,5%	16,8%	17,4%	17,5%	17,3%	17,0%	17,1%	17,0%	17,1%	17,4%	17,3%	16,8%	17,6%	0,19%	0,23%	0,8%	0,19%	0,6%	0,7%
LINKE	6,9%	7,0%	6,6%	6,9%	6,9%	6,9%	6,8%	6,8%	6,7%	6,5%	6,8%	6,8%	6,9%	6,7%	6,8%	7,1%	6,8%	6,7%	6,9%	6,8%	6,8%	6,7%	6,8%	6,8%	6,9%	6,9%	6,8%	6,5%	7,1%	0,09%	0,12%	0,5%	0,10%	0,3%	
SONSTIGE	6,9%	7,1%	6,9%	6,9%	7,0%	7,0%	6,8%	6,9%	6,9%	6,9%	7,0%	6,9%	7,0%	6,8%	6,8%	7,1%	7,0%	7,0%	7,1%	7,1%	6,9%	6,8%	6,8%	6,9%	7,0%	6,9%	6,9%	6,8%	7,1%	0,08%	0,10%	0,4%	0,08%	0,2%	
Summe	100,0%	100,0%	100,0%	100,0%	100,0%	100,0%	100,0%	100,0%	100,0%	100,0%	100,0%	100,0%	100,0%	100,0%	100,0%	100,0%	100,0%	100,0%	100,0%	100,0%	100,0%	100,0%	100,0%	100,0%	100,0%	Mittelwerte der Streuungsmaße				0,15%	0,18%	0,7%	0,15%		

	Wahlhochrechnung Stichprobenverfahren																									Ist 2009	Mittelwert	X_{min}	X_{max}	MAD	s	R	MAD vom Istwert	Δ_{max}	max(Δ_{max})
	1	2	3	4	5	6	7	8	9	10	11	12	13	14	15	16	17	18	19	20	21	22	23	24	25										
CSU	31,8%	31,2%	32,4%	32,0%	31,3%	31,9%	31,1%	32,3%	31,9%	32,2%	32,2%	32,3%	31,9%	31,8%	31,6%	32,1%	32,0%	31,4%	31,2%	32,0%	31,8%	31,3%	32,4%	32,6%	31,8%	31,9%	31,9%	31,1%	32,6%	0,32%	0,41%	1,4%	0,32%	0,7%	
SPD	19,4%	19,7%	19,5%	19,5%	19,6%	19,6%	19,7%	19,4%	19,5%	19,2%	19,5%	19,4%	19,5%	19,4%	19,7%	19,5%	19,3%	19,7%	20,1%	19,3%	19,4%	19,6%	19,5%	19,2%	19,4%	19,5%	19,5%	19,2%	20,1%	0,13%	0,19%	0,9%	0,14%	0,6%	
FDP	17,4%	17,0%	17,8%	17,4%	17,3%	17,2%	17,3%	17,2%	17,7%	17,9%	17,1%	17,6%	17,2%	17,4%	17,6%	17,0%	17,6%	17,5%	16,8%	17,6%	17,2%	17,8%	17,5%	17,8%	17,5%	17,4%	17,4%	16,8%	17,9%	0,23%	0,28%	1,0%	0,23%	0,6%	
GRÜNE	17,7%	17,8%	16,7%	17,5%	17,9%	17,3%	17,9%	17,4%	17,2%	17,4%	17,2%	17,1%	17,5%	17,9%	17,6%	17,2%	17,4%	17,7%	17,4%	17,3%	17,6%	17,9%	16,9%	17,0%	17,4%	17,4%	17,4%	16,7%	17,9%	0,25%	0,31%	1,2%	0,25%	0,7%	0,7%
LINKE	6,8%	7,2%	6,6%	6,8%	7,0%	6,9%	7,0%	6,7%	6,8%	6,5%	6,9%	6,8%	6,9%	6,7%	6,8%	7,1%	6,8%	6,9%	7,2%	6,8%	6,8%	6,7%	6,8%	6,7%	7,0%	6,9%	6,9%	6,5%	7,2%	0,13%	0,17%	0,7%	0,13%	0,4%	
SONSTIGE	6,8%	7,2%	6,9%	6,8%	6,9%	7,0%	6,9%	7,0%	6,9%	6,8%	7,1%	6,8%	7,0%	6,7%	6,8%	7,1%	6,9%	6,9%	7,3%	7,0%	7,0%	6,7%	6,9%	6,9%	7,0%	6,9%	6,9%	6,7%	7,3%	0,10%	0,14%	0,6%	0,10%	0,4%	
Summe	100,0%	100,0%	100,0%	100,0%	100,0%	100,0%	100,0%	100,0%	100,0%	100,0%	100,0%	100,0%	100,0%	100,0%	100,0%	100,0%	100,0%	100,0%	100,0%	100,0%	100,0%	100,0%	100,0%	100,0%	100,0%	Mittelwerte der Streuungsmaße				0,19%	0,25%	1,0%	0,19%		

Wahlhochrechnung Bundestagswahl 2009 für München auf Basis von ≈ 50% (=450) ausgezählter Wahlbezirke

	Wahlhochrechnung Regressionsschätzung																									Ist 2009	Mittelwert	X_{min}	X_{max}	MAD	s	R	MAD vom Istwert	Δ_{max}	max(Δ_{max})
	1	2	3	4	5	6	7	8	9	10	11	12	13	14	15	16	17	18	19	20	21	22	23	24	25										
CSU	31,8%	31,5%	31,9%	31,8%	31,6%	31,7%	31,9%	32,0%	31,8%	31,9%	32,1%	31,9%	31,9%	31,9%	31,7%	31,7%	31,7%	32,0%	31,6%	31,7%	31,9%	31,7%	31,9%	32,0%	31,9%	31,9%	31,8%	31,5%	32,1%	0,12%	0,14%	0,6%	0,12%	0,4%	
SPD	19,7%	19,7%	19,7%	19,7%	19,7%	19,7%	19,7%	19,5%	19,5%	19,5%	19,6%	19,7%	19,7%	19,6%	19,7%	19,7%	19,5%	19,7%	19,8%	19,5%	19,6%	19,8%	19,8%	19,5%	19,6%	19,5%	19,7%	19,5%	19,8%	0,09%	0,11%	0,4%	0,14%	0,3%	
FDP	17,1%	17,3%	17,5%	17,2%	17,2%	17,2%	17,3%	17,4%	17,6%	17,6%	17,1%	17,3%	17,3%	17,2%	17,4%	17,0%	17,5%	17,5%	17,2%	17,5%	17,5%	17,5%	17,4%	17,6%	17,4%	17,4%	17,4%	17,0%	17,6%	0,14%	0,16%	0,6%	0,15%	0,4%	
GRÜNE	17,4%	17,4%	17,0%	17,4%	17,4%	17,5%	17,2%	17,3%	17,4%	17,4%	17,3%	17,2%	17,1%	17,4%	17,4%	17,3%	17,5%	17,1%	17,3%	17,4%	17,3%	17,2%	17,1%	17,0%	17,2%	17,4%	17,3%	17,0%	17,5%	0,12%	0,14%	0,4%	0,14%	0,4%	0,4%
LINKE	7,1%	7,1%	6,9%	7,0%	7,0%	7,0%	7,0%	6,9%	6,9%	6,8%	6,9%	7,0%	7,0%	7,0%	6,9%	7,1%	7,0%	6,8%	7,0%	7,0%	6,9%	6,8%	7,0%	6,9%	7,0%	6,9%	7,0%	6,8%	7,1%	0,06%	0,08%	0,4%	0,11%	0,3%	
SONSTIGE	6,9%	7,1%	7,0%	6,9%	7,0%	7,0%	6,9%	6,9%	6,9%	6,9%	7,0%	7,0%	7,0%	6,9%	6,8%	7,1%	7,0%	7,0%	7,1%	7,1%	6,9%	6,9%	6,9%	6,9%	7,0%	6,9%	7,0%	6,8%	7,1%	0,06%	0,07%	0,3%	0,06%	0,2%	
Summe	100,0%	100,0%	100,1%	100,0%	100,0%	100,1%	100,0%	100,0%	100,1%	100,1%	100,0%	100,0%	100,0%	100,0%	100,0%	100,0%	100,1%	100,0%	100,0%	100,1%	100,1%	99,9%	100,0%	100,0%	100,0%	Mittelwerte der Streuungsmaße				0,10%	0,12%	0,4%	0,12%		

	Wahlhochrechnung Trendschätzung																									Ist 2009	Mittelwert	X_{min}	X_{max}	MAD	s	R	MAD vom Istwert	Δ_{max}	max(Δ_{max})
	1	2	3	4	5	6	7	8	9	10	11	12	13	14	15	16	17	18	19	20	21	22	23	24	25										
CSU	31,9%	31,8%	31,9%	31,9%	31,9%	32,0%	32,0%	32,0%	31,9%	32,1%	32,2%	32,0%	32,0%	32,0%	31,9%	31,8%	31,8%	32,0%	32,0%	31,8%	32,0%	32,1%	31,9%	32,2%	32,0%	31,9%	32,0%	31,8%	32,2%	0,09%	0,12%	0,5%	0,13%	0,4%	
SPD	19,7%	19,4%	19,5%	19,6%	19,7%	19,4%	19,5%	19,4%	19,2%	19,4%	19,6%	19,6%	19,5%	19,6%	19,4%	19,6%	19,3%	19,5%	19,5%	19,3%	19,5%	19,5%	19,7%	19,3%	19,5%	19,5%	19,5%	19,2%	19,7%	0,10%	0,13%	0,5%	0,10%	0,3%	
FDP	17,3%	17,5%	17,6%	17,4%	17,3%	17,4%	17,4%	17,6%	17,7%	17,5%	17,2%	17,4%	17,5%	17,3%	17,6%	17,2%	17,5%	17,6%	17,3%	17,5%	17,5%	17,6%	17,4%	17,7%	17,5%	17,4%	17,5%	17,2%	17,7%	0,12%	0,14%	0,5%	0,12%	0,2%	
GRÜNE	17,3%	17,3%	17,3%	17,4%	17,3%	17,4%	17,3%	17,3%	17,4%	17,4%	17,2%	17,3%	17,2%	17,4%	17,4%	17,4%	17,6%	17,2%	17,3%	17,5%	17,3%	17,2%	17,3%	17,1%	17,3%	17,4%	17,3%	17,1%	17,6%	0,08%	0,11%	0,5%	0,11%	0,3%	0,4%
LINKE	6,9%	7,0%	6,9%	6,9%	6,9%	6,9%	6,9%	6,8%	6,9%	6,7%	6,9%	6,8%	6,8%	6,9%	6,7%	7,0%	6,9%	6,7%	6,9%	6,9%	6,8%	6,8%	6,8%	6,8%	6,8%	6,9%	6,9%	6,7%	7,0%	0,06%	0,07%	0,3%	0,06%	0,1%	
SONSTIGE	6,9%	7,0%	6,9%	6,9%	7,0%	6,9%	6,9%	6,9%	6,9%	6,9%	7,0%	7,0%	7,0%	6,9%	6,8%	7,0%	6,9%	7,0%	7,0%	7,0%	6,9%	6,9%	6,9%	6,9%	6,9%	6,9%	6,9%	6,8%	7,0%	0,04%	0,05%	0,2%	0,04%	0,1%	
Summe	100,0%	100,0%	100,0%	100,0%	100,0%	100,0%	100,0%	100,0%	100,0%	100,0%	100,0%	100,0%	100,0%	100,0%	100,0%	100,0%	100,0%	100,0%	100,0%	100,0%	100,0%	100,0%	100,0%	100,0%	100,0%	Mittelwerte der Streuungsmaße				0,08%	0,10%	0,4%	0,09%		

	Wahlhochrechnung Stichprobenverfahren																									Ist 2009	Mittelwert	X_{min}	X_{max}	MAD	s	R	MAD vom Istwert	Δ_{max}	max(Δ_{max})
	1	2	3	4	5	6	7	8	9	10	11	12	13	14	15	16	17	18	19	20	21	22	23	24	25										
CSU	32,0%	31,4%	32,3%	31,9%	31,7%	31,7%	31,7%	32,2%	31,9%	32,1%	31,9%	31,9%	31,8%	31,7%	31,5%	31,8%	31,7%	31,9%	31,3%	31,7%	32,0%	31,6%	32,1%	31,9%	32,1%	31,9%	31,8%	31,3%	32,3%	0,19%	0,25%	1,0%	0,19%	0,6%	
SPD	19,5%	19,7%	19,8%	19,6%	19,6%	19,7%	19,7%	19,5%	19,5%	19,4%	19,5%	19,6%	19,6%	19,5%	19,8%	19,7%	19,5%	19,7%	19,9%	19,6%	19,5%	19,9%	19,6%	19,4%	19,5%	19,5%	19,6%	19,4%	19,9%	0,12%	0,14%	0,6%	0,13%	0,4%	
FDP	17,2%	17,0%	17,5%	17,2%	17,4%	17,1%	17,4%	17,3%	17,6%	17,8%	17,3%	17,4%	17,2%	17,4%	17,4%	16,9%	17,5%	17,4%	17,0%	17,5%	17,6%	17,6%	17,5%	17,7%	17,3%	17,4%	17,4%	16,9%	17,8%	0,18%	0,23%	1,0%	0,18%	0,6%	
GRÜNE	17,5%	17,6%	16,6%	17,4%	17,5%	17,5%	17,2%	17,3%	17,3%	17,3%	17,7%	17,2%	17,4%	17,8%	17,7%	17,3%	17,5%	17,1%	17,6%	17,2%	17,3%	17,3%	17,0%	17,2%	17,1%	17,4%	17,3%	16,6%	17,8%	0,19%	0,25%	1,2%	0,20%	0,8%	0,8%
LINKE	6,9%	7,2%	6,7%	6,9%	7,0%	7,0%	7,1%	6,9%	6,8%	6,6%	6,9%	7,0%	7,0%	6,8%	6,9%	7,2%	7,0%	6,8%	7,0%	6,9%	6,8%	6,8%	6,9%	6,9%	7,0%	6,9%	6,9%	6,6%	7,2%	0,10%	0,13%	0,6%	0,11%	0,4%	
SONSTIGE	6,9%	7,1%	7,0%	6,9%	7,0%	7,0%	6,9%	7,0%	7,0%	6,9%	7,0%	6,9%	7,0%	6,7%	6,8%	7,1%	7,0%	7,0%	7,2%	7,1%	7,0%	6,8%	6,9%	6,9%	7,0%	6,9%	7,0%	6,7%	7,2%	0,08%	0,11%	0,4%	0,09%	0,3%	
Summe	100,0%	100,0%	100,0%	100,0%	100,0%	100,0%	100,0%	100,0%	100,0%	100,0%	100,0%	100,0%	100,0%	100,0%	100,0%	100,0%	100,0%	100,0%	100,0%	100,0%	100,0%	100,0%	100,0%	100,0%	100,0%	Mittelwerte der Streuungsmaße				0,14%	0,18%	0,8%	0,15%		

Abbildung 16: Wahlhochrechnung Bundestagswahl 2009 ohne neue Wahlbezirke

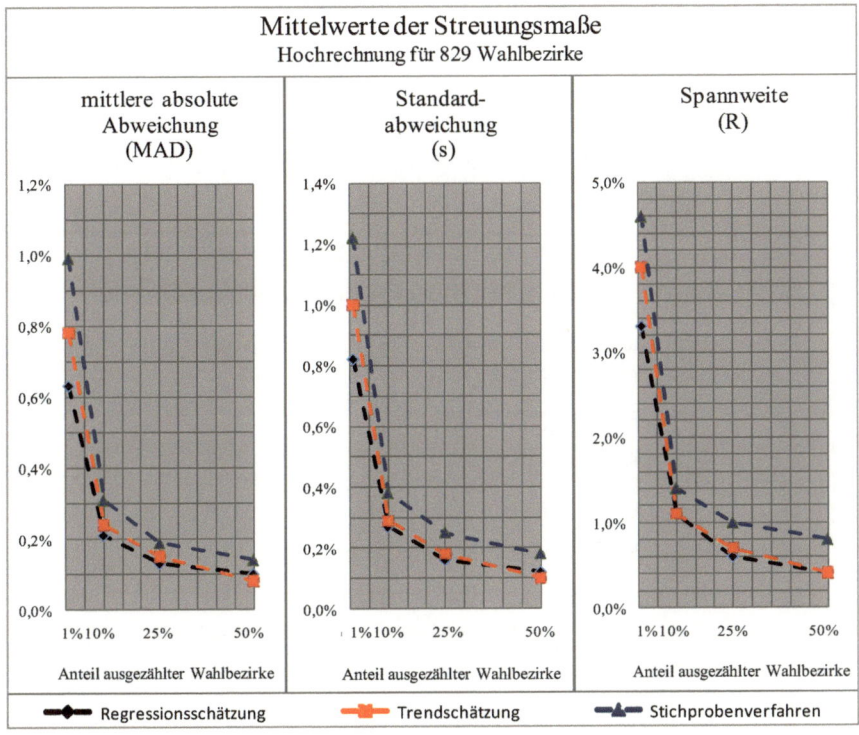

Abbildung 17: Mittelwerte der Streuungsmaße von 25 Hochrechnungen für 829 Wahlbezirke

6.3 CD Verzeichnis

```
☐ 📁 Facharbeit Dominik Fischbacher
   ☐ 📁 Statistische Verfahren zur Wahlhochrechnung
      ☐ 📁 Hochrechnung
            📁 Hochrechnung mit allen Wahlbezirken
            📁 Hochrechnung ohne neue Wahlbezirke
      ☐ 📁 Quellen
         ⊞ 📁 [BUND09]
         ⊞ 📁 [DEMO08]
         ⊞ 📁 [KEPL04]
         ⊞ 📁 [KVRM10a]
         ⊞ 📁 [KVRM10b]
            📁 [KVRM10c]
            📁 [NEUW10]
            📁 [NEUW93]
         ⊞ 📁 [PÄFF09]
            📁 [SCHL02]
            📁 [SCHR10]
            📁 [WELL10]
         ⊞ 📁 [WELT10]
```

7 Literaturverzeichnis

[BART08]   Barth Friedrich, Mühlbauer Paul, Dr. Nikol Friedrich, Wörle Karl: Mathematische Formeln und Definitionen, München [2] 2008, Bayerischer Schulbuch Verlag
und J. Lindauer Verlag, Seite 104

[BUND09]   Der Bundeswahlleiter,
Internetseite
„http://www.bundeswahlleiter.de/de/links/wahlforschungsinstitute.html",
zuletzt aufgerufen am 04.12.2010

[DEMO08]   DemoSCOPE, Research & Marketing
Internetseite
„http://www.demoscope.ch/pages/index.cfm?dom=1&nrub=1027&vItem=137"
zuletzt aufgerufen am 04.12.2010

[DULL07]   Duller, Christine: Einführung in die Statistik mit EXCEL und SPSS, Ein anwen-
dungsorientiertes Lehr- und Arbeitsbuch, Heidelberg [2]2006,2007, Physika-
Verlag Heidelberg, Seite 160

[GOHO07]   Gohout, Wolfgang: Mathematik für Wirtschaft und Technik, München[1] 2007,
Oldenbourg Verlag München Wien, Seite 183-195

[KEPL04]   Johannes-Kepler-Gymnasium Ibbenbüren, Internetseite „http://www.kepler-
gymnasium.de/index.php?page=index/unterricht/informatik", zuletzt aufgerufen
am 03.12.2010

[KRÖP99]   Kröpfl Bernhard, Peschek Werner, Schneider Edith, Schönlieb Arnulf: Ange-
wandte Statistik: Eine Einführung für Wirtschaftswissenschaftler, München,
Wien [2] 1999, Carl Hanser Verlag München Wien, Seite 86 und Seite 99-107

[KVRM10a]   Landeshauptstadt München, Kreisverwaltungsreferat
Internetseite
„http://www.muenchen.info/wahlen/wahlneu/buw2005/index.html" zuletzt aufgerufen am 11.12.2010

[KVRM10b]   Landeshauptstadt München, Kreisverwaltungsreferat,
Internetseite
„http://www.muenchen.de/Rathaus/politik/wahlergebnisse/bundestagswahl2009/
bu_wahl/348673/index.html" zuletzt aufgerufen am 11.12.2010

[KVRM10c]   Landeshauptstadt München, Kreisverwaltungsreferat GL/24, Information und Kommunikation, Wahlen

[NEUW10]   Neuwirth, Erich: Statistische Methoden für Wahlanalysen und Wahlprognosen, Internetseite „http://sunsite.univie.ac.at/Austria/elections/wahlstat.html", zuletzt aufgerufen am 03.12.2010

[NEUW93]   Neuwirth, Erich: Technical Report, Prognoserechnung am Beispiel der Wahlhochrechnung, Internetseite „http://tr.dac.univie.ac.at/tr1993.html" zuletzt aufgerufen am 10.12.2010

[NOEL05]   Noelle-Neumann, Elisabeth: Alle, nicht jeder: Einführung in die Methoden der Demoskopie, Berlin [4] 2005, Springer Verlag

[PÄFF09]   Päffgen GmbH (Hrsg.), Internetseite „http://www.wahlprognosen.de/12-kurze-historie/", zuletzt aufgerufen am 03.12.2010

[SAUE00]   Sauerbier, Thomas: Statistik für Wirtschaftswissenschaftler, München, Wien [1] 2000, Oldenbourg Verlag München Wien, Seite 43-50

[SCHL02]   Schlinkert, Reinhard, Exakte Wahlprognosen durch Infratest Dimap, Link zur PDF-Datei „http://www.awv-net.de/cms/upload/awv-info/pdf/info-024Thema-ExakteWahlprognosen-3S.pdf", zuletzt aufgerufen am 04.12.2010

[SCHR10]   Schroth, Yvonne: Vorstand Forschungsgruppe Wahlen e.V.

[WELL10]   Weller, Hubert: Dokumente per Email

[WELT10]   WELT ONLINE,
Internetseite
„http://www.welt.de/politik/bundestagswahl/article4318877/Bundestagswahl-Die-Angst-der-Politik-vor-Twitter.html" zuletzt aufgerufen am 10.12.2010